Korrigenda

Durch einen bedauerlichen Irrtum wurde das im Buch gedruckte Inhaltsverzeichnis mit teils falschen Seitenzahlen versehen!

Bitte verwenden Sie dieses Beiblatt als korrektes Inhaltsverzeichnis.

Wir entschuldigen uns für diesen Fehler und danken für Ihre Mühe.

INHALT

Zum Autorenteam

Mag. Susanne Aigner ist Mitarbeiterin am Institut für Ökologie und Umweltplanung und leitet hier den Fachbereich Almwirtschaft. Sie studierte Ökologie und Botanik an den Universitäten Graz und Wien und befasst sich seit 1996 mit der Erstellung von Maßnahmenplänen und Almwirtschaftsplänen.

Mag. Dr. Gregory Egger studierte Botanik an den Universitäten Salzburg und Graz sowie Landschaftsplanung an der Universität für Bodenkultur. Er leitet das Institut für Ökologie und Umweltplanung und bearbeitet seit über 10 Jahren Forschungsprojekte unter anderem zum Thema alpine Vegetationsökologie, Ertragsmodellierung und Almwirtschaft.

Ing. Gerhard Gindl ist landwirtschaftlicher Fachlehrer an der Landwirtschaftlichen Fachschule Grabnerhof. Er ist Autor zahlreicher Artikel zum Thema Grünlandwirtschaft und beschäftigt sich darüber hinaus seit vielen Jahren mit der Umsetzung von almwirtschaftlichen Maßnahmen in der Praxis.

Univ. Doz. Dr. Karl Buchgraber ist Leiter des Instituts für Pflanzenbau und Kulturlandschaft an der BAL Gumpenstein. Als international anerkannter Fachexperte der Grünlandwirtschaft lehrt er auf den Universitäten Brünn, Bozen und der Universität für Bodenkultur in Wien.

Institut für Ökologie und Umweltplanung

Ihr Partner für Planungen im almwirtschaftlichen Bereich

Sie erreichen uns unter:
Gregory Egger und Susanne Aigner
Bahnhofstr. 39/2
9020 Klagenfurt

Tel.: +43 0463/516 614
e-mail: oekuplan@aon.at
www. oekuplan.com

Aigner • Egger • Gindl • Buchgraber

ALMEN BEWIRTSCHAFTEN

Aigner • Egger • Gindl • Buchgraber

ALMEN BEWIRT-SCHAFTEN

Pflege und Management von Almweiden

Leopold Stocker Verlag
Graz – Stuttgart

Herausgeber: Österreichische Arbeitsgemeinschaft für Alm und Weide
Autoren: Susanne Aigner, Gregory Egger, Gerdard Gindl, Karl Buchgraber

Mit Beiträgen von: Stefan Berger, Siegfried Ellmauer, Haimo Ilias, Johann Jenewein, Barbara Kircher, Martin Rusch, Siegfried Wieser
Bilder im Textteil: Die Bilder stammen von den Autoren sowie von Maximillian Theiss, Andrea Spendier und Helmut Kristinus
Titelbild: Gerhard Gindl, Hall

Bibliografische Information Der Deutschen Bibliothek
Die Deutsche Bibliothek verzeichnet diese Publikation in der Deutschen Nationalbibliografie; detaillierte bibliografische Daten sind im Internet über http://dnb.ddb.de abrufbar.

Hinweis:
Dieses Buch wurde auf chlorfrei gebleichtem Papier gedruckt.
Die zum Schutz vor Verschmutzung verwendete Einschweißfolie ist aus Polyethylen chlor- und schwefelfrei hergestellt. Diese umweltfreundliche Folie verhält sich grundwasserneutral, ist voll recyclingfähig und verbrennt in Müllverbrennungsanlagen völlig ungiftig.

ISBN 3-7020-0986-8
Printed in Austria
Layout: Klaudia Aschbacher, A-8101 Gratkorn
Gesamtherstellung: Druckerei Theiss GmbH, A-9431 St. Stefan

INHALT

DANKSAGUNG

Die Almbauern bewirtschaften und pflegen die Almen seit vielen Generationen. Ihr Wissen bildet das Fundament für das vorliegende Buch. Für die vielen Diskussionen und Beiträge bedanken wir uns bei allen Almbauern. Ihnen ist dieses Buch gewidmet.

Besonderer Dank gebührt der Kärntner Alminspektorin DI Barbara Kircher und dem Leiter der Kärntner Landwirtschaftsabteilung, Dr. Günther Ortner, sowie den Vorstandsmitgliedern des Kärntner Almwirtschaftsvereins, allen voran dem Obmann LAbg. Johann Ramsbacher. Zahlreiche Grundlagenstudien, die wir in ihrem Auftrag über viele Jahre hinweg durchgeführt haben, bilden die fachliche Basis.

Daß dieses Buch in der vorliegenden Fassung erscheint, ist ein wesentliches Verdienst der Österreichischen Arbeitsgemeinschaft für Alm und Weide. Für die Übernahme der Herausgeberschaft bedanken wir uns ganz besonders bei Ök.-Rat Paul Landmann, DI Johann Jenewein und den Geschäftsführern der Almwirtschaftsvereine der Bundesländer.

Für wertvolle inhaltliche Beiträge ist der Abteilung 10 F der Kärntner Landesregierung unter der Leitung von DI Gerhard Baumgartner zu danken. Von seinem Team wurde das Kapitel *Bestimmungen des Österreichischen Forstgesetzes* bearbeitet.

Besonders bedanken wir uns auch bei den Mitarbeitern der Naturschutzabteilungen der Bundesländer: Mag. Renate Schulte und Dr. Gertrud Breyer (Naturschutzabteilung Niederösterreich), Dr. Anita Matzinger (Naturschutzabteilung Oberösterreich), Mag. Rudolf Valtiner (Naturschutzabteilung Salzburg), Dr. Ernst Zanini (Naturschutzabteilung Steiermark), Dr. Werner Petutschnig und Dr. Thussnelda Rottenburg (Naturschutzabteilung Kärnten), Herr Dr. Harald Pösch (Naturschutzabteilung Vorarlberg). Sie haben das Kapitel *Naturschutzgesetze der Bundesländer* korrigiert und wertvolle Ergänzungen geliefert.

Für fachliche Korrekturen, Beiträge, Ratschläge und Ergänzungen danken wir herzlich Dr. Andreas Bohner (BAL Gumpenstein), Josef Eisner (Obiralm), Mag. Klaus Krainer (Arge NATURSCHUTZ), DI Norbert Kerschbaumer (Büro am Berg), DI Richard Gräbner (Agrarbezirksbehörde Klagenfurt), DI Klaus Hafner (Wildbach- und Lawinenverbauung Kärnten) und Franz Glawischnig (Alexanderalm).

VORWORT

Die Almwirtschaft hat in Österreich sowohl in der bäuerlichen als auch in der nicht-bäuerlichen Bevölkerung einen sehr großen Stellenwert. Das Wort Alm ist mit einem hohen emotionalen Wert besetzt. Die Bewirtschaftung und das damit verbundene Offenhalten der Almflächen werden als positiv anerkannt und mit natürlicher bzw. naturnaher Landwirtschaft gleichgesetzt.

Rund 20% des Staatsgebietes bzw. 12.000 Almen sind in den Almkatastern der Bundesländer verzeichnet. Den größten Anteil hat Tirol vor der Steiermark, Salzburg, Kärnten, Vorarlberg, Oberösterreich und Niederösterreich. Nur das Burgenland und die Bundeshauptstadt Wien weisen keine Almen auf. Die Almwirtschaft hat durch ihren Flächenanteil nicht nur Bedeutung für die Landwirtschaft, sondern ihr Nutzen geht in der Zwischenzeit weit über diesen Bereich hinaus. Durch ihre abgestufte Wirtschaftsweise und Bewirtschaftungsintensität gestaltet die Almwirtschaft eine vielfältige und abwechslungsreiche Landschaft mit zahlreichen Landschaftselementen. Diese außerlandwirtschaftliche Leistung kommt vor allem den Erholungssuchenden und dem Tourismus zugute.

Nach dem Niedergang der Almwirtschaft in den 70er Jahren erfolgte ab 1980 wieder ein Umschwung, und die Almwirtschaft gewann zunehmend an Bedeutung.

In den letzten Jahren blieb der Almauftrieb in Summe relativ konstant. Zur Zeit werden jährlich rund 9.200 Anträge zur Alpungsprämie an die AMA (Agrarmarkt Austria) gestellt. Hierbei werden 284.000 Großvieheinheiten (GVE) angemeldet. In den einzelnen Tiergattungen wird die Alpungsprämie für 9.600 Pferde, 265.700 Galtrinder, 58.900 Milchkühe, 92.000 Schafe über 1 Jahr und 6.000 Ziegen über 1 Jahr beantragt.

In den 70er Jahren, der Zeit des nachlassenden Interesses für die Bewirtschaftung der Almen, begannen die Flächen teilweise zu verwachsen. Der Wald „holte" sich im Laufe der Jahre einen Teil der ehemals almwirtschaftlich genutzten Flächen zurück. Zudem wurde die Weidepflege auch durch das Fehlen von Arbeitskräften auf manchen Almen stark vernachlässigt. Dieser Entwicklung soll mit Nachdruck entgegengesteuert werden. Aus diesem Grund ist es von besonderem Wert, daß eine zeitgemäße Anleitung zur Pflege der Almweiden aufgelegt wird.

Die Österreichische Arbeitsgemeinschaft für Alm und Weide (ÖAGAW) freut sich, daß sich ein Autorenteam unter der Leitung von Frau Mag. Susanne Aigner dieses Themas angenommen hat. Dieses Praxisbuch soll eine große Verbreitung finden und ein Ratgeber bei weidewirtschaftlichen Problemen sein.

Obm. Ök.-Rat Paul Landmann
Obm.-Stv. LAbg. Johann Ramsbacher
Geschäftsführer Dipl.-Ing. Johann Jenewein

EINLEITUNG

„Graf Potocki, der erste österreichische Ackerbauminister, schenkte seine Aufmerksamkeit und Fürsorge allen Zweigen der Landwirthschaft. Auch die bisherigen Stiefkinder der Kultur, die Alpen, entgingen seiner Aufmerksamkeit nicht, indem er mit richtigem Blick erkannte, welche eminente Wichtigkeit diese für unsere Alpenländer haben, welch einen bedeutenden Theil des Nationalvermögens sie repräsentieren, das, unsern Nachkommen mindestens ungeschmälert zu erhalten, eine heilige Pflicht der gegenwärtigen Besitzer ist." (SCHEIDLIN 1873)

Wie Scheidlin bereits in der 2. Hälfte des 19. Jahrhunderts dokumentierte, ist es eine „heilige Pflicht", die Almen für die kommenden Generationen zu erhalten. Denn bereits zur damaligen Zeit zeichneten sich quer über den Alpenbogen zwei gegenläufige Trends in der Landschaftsentwicklung ab, die bis in die Gegenwart anhalten: Die Gunstlagen in den Tälern werden immer intensiver bewirtschaftet – mit all den bekannten Folgeproblemen für die Umwelt. Im Gegenzug dazu sind die schwerer zugänglichen und maschinell kaum bear-

beitbaren Bereiche – im besonderen auch die Bergmähder und Almweiden – von einer zunehmenden Extensivierung bzw. Nutzungsaufgabe betroffen. Damit einhergehend sind eine massive Wiederbewaldung der Almen und ein großflächiger Verlust von Futter- und Kulturflächen zu beobachten.

Entgegen dieser langjährigen Entwicklung erlebt die Almwirtschaft seit einigen Jahren wieder einen Aufschwung. Mit der Zunahme der wirtschaftlichen Bedeutung der Almen für die bäuerlichen Betriebe ist auch der Bedarf an Almfutterflächen gestiegen. Allerdings sind mittlerweile zahlreiche ehemals gute Almweideflächen verwaldet.

Das Interesse, wieder in die Zukunft der Almen zu investieren, ist allgemein stark gestiegen. Viele Almbewirtschafter sehen den Handlungsbedarf. Pflege- und Revitalisierungsmaßnahmen sind jedoch speziell im Alpinbereich mit hohem Zeit- und Kostenaufwand verbunden und bedürfen spezieller Förderung und Unterstützung.

Die notwendigen Maßnahmen sind vielfältig. Ebenso vielfältig sind auch die Möglichkeiten zu ihrer Durchführung. Im vorliegenden Buch wird die fachliche Grundlage vermittelt, um Problembereiche auf der Alm rechtzeitig zu erkennen und die jeweils geeigneten Maßnahmen zu ergreifen.

Das Buch richtet sich an den Praktiker und soll diesem ein fachliches Rüstzeug für langfristig richtige Entscheidungen geben. Im einzelnen stehen mit diesem Leitfaden zur Umsetzung von Weide- und Revitalisierungsmaßnahmen folgende Ziele im Vordergrund:

- *Fachliche Grundlage für die Bewertung der Futterqualität und Ertragsmenge von Almweiden.*
- *Basis zur Durchführung von almverbessernden Maßnahmen:* Mit Hilfe des Buches sollen Entscheidungen erleichtert werden, wo und in welchem Ausmaß auf der Alm Maßnahmen gesetzt und welche Methoden angewendet werden sollen.
- *Fachliche Grundlage für die Erstellung von Weidewirtschaftsplänen:* Almen sind zumeist durch ein Mosaik unterschiedlich genutzter Weideflächen gekennzeichnet. Der Weidewirtschaftsplan stellt ein geeignetes Instrument für eine zukunftsorientierte Planung dar.
- *Aufwands- und Kostenschätzung:* Der Almbewirtschafter soll mit Hilfe des Buches den Zeit- und Kostenaufwand der geplanten Maßnahmen abschätzen können.

DIE BEDEUTUNG DER ALMEN

DIE BEDEUTUNG DER ALMWIRTSCHAFT IN ÖSTERREICH

> Neben der Bedeutung der Almen für die Berglandwirtschaft steht die Almwirtschaft mit anderen wirtschaftlichen Faktoren, wie dem Tourismus, der Jagd, der Waldwirtschaft, sowie mit ökologischen Faktoren in direkter Beziehung.

Die Almwirtschaft bewirkt durch ihre unterschiedlich genutzten Weideflächen das charakteristische, strukturreiche Landschaftsmosaik unserer alpinen Kulturlandschaft. Diese Nutzungsvielfalt und der „Zwang zur Kleinräumigkeit" führen zur Ausbildung einer großen Vielfalt an Lebensräumen und Arten (GRABHERR 1993, EGGER & AIGNER 1999). Die Almwirtschaft spielt nicht nur eine wesentliche wirtschaftliche und ökologische Rolle, sondern ist darüber hinaus für Österreich von hoher landeskultureller Bedeutung.

Die Bedeutung der Almen wird durch folgende Tatsachen unterstrichen:

- Die Almen betragen über 20% der Gesamtkatasterfläche von Österreich (1.660.000 ha). In den westlichen Bundesländern steigt der Anteil fast auf die Hälfte der Gesamtkatasterfläche an. Die grünlandwirtschaftlich genutzte Fläche im Almbereich beträgt in Österreich rund 850.000 ha, das sind rund 40% der österreichischen Grünlandfläche.
- Rund 45.000 landwirtschaftliche Betriebe treiben Vieh auf die Almen. Zahlenmäßig sind das rund 50% aller Bergbauernbetriebe des alpinen Raumes.
- Jährlich weiden mehr als 400.000 Tiere (280.000 GVE) auf Österreichs Almen. Dadurch werden die Heimgüter um rund 520.000 t Heu entlastet (JENEWEIN 2002, BUCHGRABER 2002).

Almwirtschaft und Heimbetrieb

- Die Almwirtschaft bildet durch die zusätzlichen Futterflächen eine Erweiterung des Heimgutes und dient damit der Existenzsicherung vieler Bergbauern.
- Durch die Alpung wird der Futterverbrauch auf den Heimhöfen gesenkt (zwei Tiere auf der Alm sparen das Winterfutter für ein Tier).
- Die Alpung der Tiere bietet Kosteneinsparung und eine Arbeitserleichterung während der sommerlichen Arbeitsspitzen.

- Die Almen sind eine wesentliche Voraussetzung für eine gesunde und erfolgreiche Aufzucht des Zuchtviehs. Die dünnere Luft bewirkt eine tiefere Atmung und regt die Bildung roter Blutkörperchen an. Daraus resultieren eine Stärkung des Herz-Kreislauf-Systems, eine verbesserte Immunstoffbildung und eine um ein Jahr verlängerte Nutzungsdauer im Vergleich zu nicht gealpten Tieren (BRUGGER & WOHLFARTER 1982, KIRCHNER 1957).

Almwirtschaft und Naturschutz

- Die extensive Bewirtschaftung der Almweiden bedingt eine hohe Artenvielfalt.
- Durch die Almwirtschaft ergibt sich ein Wechsel zwischen offenen und geschlossenen Flächen. Die Almwirtschaft trägt damit in entscheidendem Ausmaß zur Biotopvielfalt der Bergregionen bei.
- Die Jahresproduktion von Sauerstoff auf Almweiden ist mit 7 t/ha jährlich etwa 2,5mal höher als die des Waldes (2,7 t/ha jährlich; nach KELLER in BRUGGER & WOHLFARTER 1982).

Almwirtschaft und Landschaftsbild

- Durch die Almwirtschaft werden die Erhaltung und die Pflege der alpinen Kulturlandschaft gesichert.
- Durch das Vieh können attraktive, abwechslungsreiche Landschaftsteile mit reizvollen Aussichtspunkten auf kostengünstige Art freigehalten werden.

Almwirtschaft und Tourismus

- Die Almwirtschaft stellt Flächen für Wanderer, Schifahrer und für andere Outdoor-Sportarten zur Verfügung. Almen, die im Winter als Schipisten genutzt werden, stellen für den landwirtschaftlichen Betrieb eine wichtige Einnahmequelle dar.
- Die Touristen können das ausgedehnte Almwegenetz für Wanderungen benützen.
- Die Almhütten sind attraktive Ausflugsziele. Den Gästen werden dort Einkehr-, Labe- und Übernachtungsmöglichkeiten geboten.

Der Almabtrieb stellt vor allem in Westösterreich ein besonderes Ereignis dar.

Almwirtschaft und Jagd

Die Almareale dienen dem Wild als wertvolle Äsungsflächen. Durch eine intakte Almwirtschaft können die Rotwildschäden im Forst reduziert werden (BERGLER 2001, MACHATSCHEK 1997).

- Durch die Bewirtschaftung der Almen steigt der Wert der Jagdreviere (Zufahrts- und Übernachtungsmöglichkeiten).
- Lichte Waldweiden bieten Raum für einen sicheren Rückzug des Wildes. In diesem komplexen Ökosystem gibt es kaum Wildschäden.
- Die Einnahmen aus der Jagdpacht können eine wesentliche Einkommensquelle für die landwirtschaftlichen Betriebe darstellen.

Auf unzähligen Almhütten werden die Gäste in gemütlicher Atmosphäre bewirtet.

Almwirtschaft und Katastrophenschutz

- Durch die regelmäßige und extensive Nutzung sind die bewirtschafteten Flächen stabiler als nicht bewirtschaftete (JENEWEIN 2001).
- Auf aufgelassenen Almen kommt es häufiger zu Hangrutschungen und Blaikenbildungen als auf bewirtschafteten (SCHWARZELMÜLLER 1993).
- Die Almbewirtschafter beheben kleine Unwetterschäden, wie Verklausungen in Gebirgsbächen oder Blaiken, meist sofort und verhindern damit häufig große Katastrophen.
- Durch die Beweidung wird das Gras kurz gehalten. Dadurch ergibt sich eine rauhe Oberfläche, an der der Schnee besser haftet.

Die Almwirtschaft im Wandel der Zeit

Bereits vor über 100 Jahren verlor die Almwirtschaft an Bedeutung. Mit Beginn des 2. Weltkriegs wurden, nicht zuletzt durch die plötzliche Abnahme der männlichen Arbeitskräfte, viele Almweideflächen aufgelassen. Nach dem 2. Weltkrieg wurden zahlreiche Almen durch eine bessere Erschließung arbeits- und kostensparender bewirtschaftet. Obwohl sich die Almwirtschaft dadurch aus betriebswirtschaftlicher Sicht zu ihrem Vorteil gewandelt hatte, paßte sie immer weniger in das durch Massenproduktion und hohe Flächenproduktivität gekennzeichnete Wirtschaftssystem hinein (vgl. BUCHGRABER 2001, GROIER 1993, HEIN 1998, LICHTENEGGER 1979, SCHWAIGER 1996). Aus diesem Grund sind die Auftriebszahlen in den sechziger und in der ersten Hälfte der siebziger Jahre des 20. Jahrhunderts am stärksten zurückgegangen. Mit der Abkehr

*Grabnerhofalm, um 1920
Mit Hilfe von Steinmauern
wurden Terrassen geschaffen,
um die Bewirtschaftung der
Alm zu erleichtern.*

von der Flächenintensität und der Zuwendung zur kapitalextensiven Bewirtschaftung hat die Bedeutung der Almwirtschaft im Wirtschaftsgeschehen des Bauernhofs wieder zugenommen. Auch durch die Einführung der Almwirtschaftsförderung über ÖPUL wurde die Almbewirtschaftung wieder angekurbelt. Heute hat die Almwirtschaft wieder, sowohl aus ökonomischen als auch aus landeskulturellen Gründen, eine hohe Bedeutung.

Entwicklungstrends der letzten 100 Jahre
- Umwandlung der Sennalmen in Galtviehalmen
- Halterlose Viehhaltung
- Konzentration auf gut zugängliche Flächen
- Fehlende Almpflege durch Personalmangel
- Massive Wiederbewaldung und Verheidung

Die Situation der Almwirtschaft in Österreich

Die Almwirtschaft ist in Österreich, bedingt durch den hohen Anteil an Gebirgen, von besonderer Bedeutung. Laut Almkataster nehmen die Almen eine Fläche von rund 16.600 km² ein. Das ist rund ein Fünftel des gesamten Bundesgebiets. Die Almwirtschaft dient im Alpenraum zur Erweiterung der Futterfläche für das Vieh. Insgesamt werden knapp 10% des Gesamtfutterbedarfs über die Beweidung der Almflächen abgedeckt (BUCHGRABER 2002). In den nachfolgenden Tabellen wird ein Überblick über die Almwirtschaft in Österreich gegeben. Als Datenquelle wurden die Anträge zur Alpungsprämie 2002 (AGRARMARKT AUSTRIA 2002) herangezogen. Flächen, die laut Kataster als Almen ausgewiesen sind, jedoch nicht mehr bewirtschaftet werden, sowie Almen, für die zur Zeit keine Alpungsprämie beantragt wird, bleiben in den nachfolgenden Tabellen unberücksichtigt.

Besitzverhältnisse: Im Jahr 2002 wurden in Österreich für rund 9.000 Almen Anträge zur Alpungsprämie gestellt. Die Mehrzahl der Almen, insgesamt rund zwei Drittel, sind Einzelalmen. Insgesamt sind rund 1.700 Almen im Eigentum von Agrargemeinschaften.

*Tabelle 1: **Anzahl der bestoßenen Almen und ihre Besitzverhältnisse***
(Quelle: AGRARMARKT AUSTRIA 2002)

Bundesland	Anzahl Tierhalter	Anzahl Almen gesamt	Einzel-almen	Agrar-gemein-schaften	Sonstige Gemein-schaften	Servituts-almen
Niederösterreich	709	83	39	27	8	9
Oberösterreich	852	203	114	28	17	44
Salzburg	7.729	1.792	1.455	293	35	9
Steiermark	6.674	2.134	1.686	199	122	127
Kärnten	6.969	2.029	1.641	339	33	16
Tirol	17.008	2.184	1.386	613	180	5
Vorarlberg	5.227	591	323	184	83	0
Österreich	45.168	9.016	6.644	1.683	478	210

Höhenstufe: Der Großteil der Almen, insgesamt 4.447 der 2002 gemeldeten Almen, sind Mittelalmen. Sie liegen überwiegend auf einer Seehöhe zwischen 1.400 und 1.700 m ü. A. Rund 2.300 Almen wurden als Niederalmen (< 1.400 m ü. A.) und 2.200 als Hochalmen (>1.700 m ü. A.) gemeldet.

In den meisten Bundesländern überwiegen die Mittelalmen. In Niederösterreich und Oberösterreich liegt der Schwerpunkt der Almwirtschaft aufgrund der geographischen Gegebenheiten bei den Niederalmen. Hochalmen sind vor allem in Tirol, Kärnten und Salzburg weit verbreitet.

*Tabelle 2: **Gliederung der Almen nach der Höhenstufe***
(Quelle: AGRARMARKT AUSTRIA 2002)

Bundesland	Niederalmen	Mittelalmen	Hochalmen
Niederösterreich	52	29	2
Oberösterreich	138	55	10
Salzburg	426	950	414
Steiermark	936	928	266
Kärnten	235	1.163	624
Tirol	378	1.005	795
Vorarlberg	147	317	117
Österreich	2.312	4.447	2.228

Gesamtfläche und Futterfläche: Im Jahr 2002 wurden für 10.000 km² Almfläche Anträge zur Alpungsprämie gestellt. Rund die Hälfte davon (rund 5.000 km²) ist als Futterfläche ausgewiesen. Der Schwerpunkt der Almwirtschaft liegt mit einer Almfläche von 4.000 km² in Tirol.

Tabelle 3: Flächenverteilung der Almen und ihre Futterflächen
(Quelle: AGRARMARKT AUSTRIA 2002)

Bundesland	Gesamtfläche in ha	Futterfläche in ha
Niederösterreich	10.367	4.503
Oberösterreich	29.861	5.439
Salzburg	182.657	87.237
Steiermark	141.513	70.801
Kärnten	172.883	86.841
Tirol	413.431	218.049
Vorarlberg	97.342	53.813
Österreich	**1.048.056**	**526.685**

Anzahl der gealpten Tiere: Insgesamt wurden 2002 für rund 430.000 Tiere Alpungsprämien beantragt. Das entspricht rund 280.000 ÖPUL-GVE. Rund drei Viertel der gealpten Tiere sind Rinder, wobei vor allem Galtvieh und Mutterkühe mit 248.000 Stück überwiegen. Die Alpung von Milchkühen hat vor allem in Tirol, Vorarlberg und in Salzburg Tradition. Insgesamt wurden 2002 rund 58.000 Milchkühe gealpt. Von den 92.000 Schafen wurden mehr als die Hälfte auf Tiroler Almen gealpt. Mehr als 10.000 Stück wurden jeweils in Salzburg und Kärnten gemeldet. Weiters wurden 6.000 Ziegen (vor allem in Salzburg und Tirol) sowie rund 9.100 Pferde gealpt.

Tabelle 4: Anzahl der gealpten Tiere
(Quelle: AGRARMARKT AUSTRIA 2002)

Bundesland	Ponys ab ½ Jahr	Pferde ½ bis 1 Jahr	Pferde ab 1 Jahr	Rinder bis ½ Jahr	Rinder ½ bis 2 Jahre	Rinder ab 2 Jahre/ Mutterkühe	Milchkühe	Schafe ab 1 Jahr	Ziegen ab 1 Jahr	Gesamt (Stück)	Gesamt (GVE)
Niederösterreich	1	4	59	298	2.259	2.151	56	0	0	4.828	3.713
Oberösterreich	0	6	84	270	2.473	2.031	168	1.249	11	6.292	4.040
Salzburg	229	109	2.455	4.524	25.143	27.881	9.757	13.630	1.013	84.741	58.912
Steiermark	45	28	875	3.020	23.361	22.878	1.913	6.967	29	59.116	41.677
Kärnten	70	83	1.340	4.791	17.742	27.858	1.997	11.747	932	66.560	45.264
Tirol	153	265	2.451	3.791	43.539	26.799	34.756	54.470	3.506	169.730	100.198
Vorarlberg	51	74	775	1.499	14.958	8.446	10.207	3.890	548	40.448	29.588
Österreich	549	569	8.039	18.193	129.475	118.044	58.854	91.953	6.039	431.715	283.394

DIE BEDEUTUNG DER ALMWIRTSCHAFT IN DEN BUNDESLÄNDERN

Niederösterreich

In Niederösterreich sind 13.880 ha im Alm- und Weidebuch bzw. im Almkataster eingetragen (1,4% der landwirtschaftlich genutzten Fläche). Insgesamt sind in den Verzeichnissen der Niederösterreichischen Agrarbezirksbehörde rund 340 Almen mit durchschnittlich knapp 36 ha angeführt.

Rund 30% dieser Flächen sind im Eigentum von Privatpersonen. Rund 18% sind Eigentum der Österreichischen Bundesforste, 16% sind Eigentum von Agrargemeinschaften, und knapp 15% sind im Eigentum von Genossenschaften. Der Rest ist entweder in Gemeinde- oder Kirchenbesitz. Seit dem EU-Beitritt wurde ein Teil dieser Flächen zum Heimbetrieb hinzugerechnet, so daß die Anzahl der registrierten Almen abgenommen hat. Auf den verbliebenen Almflächen ist jedoch ein verstärkter Auftrieb zu bemerken.

Bereits seit Jahren hat eine starke Extensivierung in der Almbewirtschaftung eingesetzt. Es begann eine Umwandlung von Kuh- bzw. Sennalmen in reine Jungviehalmen und heute in immer mehr Mutterkuhalmen – vor allem aufgrund der höheren Kosten durch die getrennte Bewirtschaftung, aber auch wegen des Fehlens saisonal einsetzbaren Personals. Ebenfalls zu bemerken ist, daß ein Übergang zur halterlosen Viehalpung stattgefunden hat.

Die notwendige Erschließung der Almen mittels LKW- bzw. traktortauglicher Güterwege forcierte die Almbewirtschaftung vom Heimbetrieb aus.

Die Auftriebsentwicklung ist seit dem EU-Beitritt als positiv zu sehen. Insbesondere durch die Vorteile der EU-Förderungspolitik werden seither mehr ehemalige Almflächen dem Heimbetrieb zugerechnet. Dies führt sogar dazu, daß ein Überangebot an aufgetriebenen Tieren einer begrenzten eingetragenen Almfläche gegenübersteht. Es müssen daher immer wieder Landwirte abgewiesen werden, da die vorhandenen Flä-

Himmelalm bei Türnitz in den niederösterreichischen Voralpen. Die Alm ist ein beliebtes Ausflugsziel in der Tourismusregion Traisen-Gölsental.

chen nicht genug Futter für die Weidesaison zur Verfügung stellen. Die wichtigsten Almgebiete in Niederösterreich sind die Wechsel-/Schneebergregion bis zum Bereich Gippel-Göller und im Westen der Bereich Hochkar-Königsberg.

Die zunehmende Verwaldung und Verbrachung der Grünland- und Almflächen bedrohen das intakte Landschaftsbild. Aus diesem Grund haben in Niederösterreich der Verein „Alm- und Weideland NÖ" und die NÖ Agrarbezirksbehörde das „Alm- und Weideland-Projekt" ins Leben gerufen. Inhalt dieses Projekts sind unter anderem Maßnahmen zur Wiederherstellung von Weideland auf verbuschten und verwaldeten Flächen, die Trennung von Wald und Weide sowie Almschutzmaßnahmen. Diese Projekte werden über das Programm der ländlichen Entwicklung gefördert. Insgesamt (Almen und Heimbetriebe) wurden bereits auf 770 ha Maßnahmen umgesetzt. Derzeit sind für weitere 300 ha Förderungen beantragt.

Oberösterreich

Oberösterreichs Almen liegen im Süden des Bundeslandes in den alpinen Bereichen der politischen Bezirke Vöcklabruck und Gmunden, die dem Almbezirk Salzkammergut angehören, und der Bezirke Kirchdorf und Steyr-Land, die dem Almbezirk Pyhrn-Eisenwurzen zugerechnet werden. Dieses Gebiet untergliedert sich in sechs Almregionen mit 65 Gemeinden. Es umfaßt mit rund 3.000 km² etwa ein Viertel der oberösterreichischen Landesfläche und gehört geographisch den Flußgebieten der Traun, Alm, Steyr und Enns an.

Rund 700 Almen befinden sich in Oberösterreich, davon werden etwa 420 Almen, das sind rund 60% aller Almen, aktuell mit Weidevieh bestoßen.

Im kleinstrukturierten Salzkammergut liegen von den 350 Almen rund 80% auf Bundesforstgrund, wo die Almbauern mit Weidenutzungsrechten (Fremdviehverbot) eingeforstet sind. Hier werden nur mehr 150 Almen (42%) bewirtschaftet. Auffallend ist der hohe Waldweideanteil von über 75%. In der Region Pyhrn-Eisenwurzen überwiegen Gemeinschafts- und Einzelalmen, nur rund 30% der 350 Almen sind Einforstungsalmen. Es werden noch auf 260 Almen (75%) Weidetiere gealpt.

Murbodner Rinder auf der Blahbergalm im Reichraminger Hintergebirge, Nationalpark Kalkalpen.

Wurden um 1925 noch etwa 9.000 Rinder auf etwa 500 Almen getrieben, werden heute noch rund 5.000 Rinder, 150 Milchkühe, 2.000 Schafe und 120 Pferde auf etwa 420 Almen gealpt. Etwa 15% der Almen sind wegen des schwierigen Geländes unerschlossen.

Wurden um 1925 in Oberösterreich mit ca. 600 km² noch 5% der Landesfläche almwirtschaftlich genutzt (43.000 ha Waldweide, 9.000 ha Alpe, 8.000 ha Ödland), so sank die bewirtschaftete Almfläche bis 2000 auf rund 330 km² bzw. nur mehr 2,8% der Landesfläche ab. In diesen Zahlen kommt sehr deutlich der Verlust von über 270 km² bäuerlich geprägter Berglandschaft innerhalb von nur zwei Generationen zum Ausdruck.

Ein ernstes Kulturlandschaftsproblem stellt wegen des rasanten Strukturwandels die Aufgabe von Kleinlandwirtschaften im Salzkammergut dar. Die Entsiedlung der oberen Berglagen und die fortschreitende Verwaldung nehmen in den entlegenen, tourismusarmen Seitentälern des Enns- und Steyrtales bereits bedrohliche Ausmaße an.

Salzburg

Das Bundesland Salzburg liegt almwirtschaftlich im Übergangsbereich zwischen den Wirtschaftsformen Tirols und Vorarlbergs einerseits und den Bewirtschaftungsformen Ostösterreichs, wie etwa der Steiermark und Oberösterreich.

Aus der Agrarstrukturerhebung 1999 ist ersichtlich, daß das Bundesland Salzburg mit 27% einen sehr hohen Almflächenanteil aufweist. Durchschnittlich werden jährlich 9.700 Kühe auf den Almen gemolken, das sind 15% des gesamten Kuhbestandes. Die Jungviehsömmerung umfaßt 57.500 Stück. Dies entspricht zwei Drittel des gesamten Jungviehbestandes im Bundesland. 37% des Pferdebestandes (2.500 Stück) sowie 77% des Schaf- und Ziegenbestandes (25.430 Stück) werden alljährlich gesömmert. Die bedeutendste almwirtschaftliche Region ist der Pinzgau. Allein dort werden 6.330 Kühe auf den Almen gemolken. Dies entspricht 47% des Kuhbestandes in dieser Region. An Wirtschaftsformen ist eine breite Streuung von Einzelalmen, Servitutsalmen und Gemeinschaftsalmen vorhanden. Von den bewirtschafteten Almen im Bundesland Salzburg sind 81,2% Almen in Privateigentum (Einzelalmen), und 8,8% Almen sind Ge-

Ellmaualm im Großarltal, Pongau

meinschaftsalmen und Servitutsalmen. Bei den Gemeinschaftsalmen besorgen die anteilsberechtigten Güter die Viehbetreuung während des Sommers hauptsächlich selbst.

Eine gemeinschaftliche Bewirtschaftung mit z. B. einem einzigen Stallgebäude ist eher die Ausnahme.

Die meisten Almen werden in gemischter Tierhaltung (Milchkühe und Jungrinder) bewirtschaftet. Reine Jungviehalmen werden hauptsächlich vom Heimhof aus durch zweimaliges Nachschauen pro Woche beaufsichtigt. Auf den anderen Almen ist Almpersonal anzutreffen. Die almwirtschaftlichen Tätigkeiten werden großteils von Familienmitgliedern beziehungsweise von den Austragbauern durchgeführt. Familienfremdes Almpersonal ist eher die Ausnahme. Grundlage für eine gut funktionierende vollbewirtschaftete Alm ist die Erschließung mit einem Almweg und mit zeitgemäß ausgestatteten Almgebäuden. Gute Erreichbarkeit und gute Wohnqualität auf der Alm sind wichtige Voraussetzungen für die Beschäftigung von Almpersonal, ohne das eine Aufrechterhaltung der almwirtschaftlichen Nutzflächen kaum möglich ist.

Steiermark

Die Steiermark ist geprägt von landschaftlicher Schönheit und Vielfalt. Kein anderes Bundesland weist derart große Unterschiede im Landschaftsbild auf wie das grüne Herz Österreichs. Dieses abwechslungsreiche Bild spiegelt sich auch in der steirischen Almenlandschaft wider. Das Spektrum reicht von den schroffen Bergregionen des Toten Gebirges und des Dachsteinplateaus im Norden, mit ihren kargen und oft schwierig zu erreichenden Almen, über den Gebirgszug der Niederen Tauern, die Mittelgebirge des Mur- und Mürztales bis hin zu den sanften Erhebungen des Oststeirischen Hügellandes. Die Luftlinie von der nördlichsten Alm der Steiermark, der Wildenseealm, bis zum 757 m hohen Remschnigg an der Grenze zu Slowenien beträgt zwar nur 170 km, aber die Bewirtschaftungsvoraussetzungen in diesen beiden Almgebieten unterscheiden sich wie Tag und Nacht, bedingt durch anderes Klima, andere Höhenlagen und verschiedene Bodenverhältnisse.

Bröckalm im Kleinsölktal, einem Seitental des Ennstales.

Die große Bedeutung der Almwirtschaft für die steirischen rinderhaltenden Betriebe zeigt sich deutlich in den Auftriebszahlen, die zwar zwischen 1952 und 1974 rückläufig waren, aber in den letzten 25 Jahren wieder gestiegen sind. Wurden im Jahre 1980 noch rund 59.000 Rinder auf die 2.850 Almen der Steiermark getrieben, so weiden heute während der Sommermonate ca. 75.000 Rinder, 1.500 Pferde und 20.000 Schafe auf den steirischen Almen.

Der Großteil dieser Almen, die rund 20% der Landesfläche bedecken, sind Galtviehalmen. Die Kuhalpung hatte in der Steiermark nie den Stellenwert wie etwa in Tirol und ist bis heute immer mehr rückläufig.

Daß mit guten Ideen und Innovationen auch im Almbereich entsprechende wirtschaftliche Erfolge erzielt werden können, beweisen erfolgreiche steirische Projekte, wie zum Beispiel der „Almo" (Qualitätsrindfleisch vom Almochsen in der Region Teichalm – Sommeralm) oder das „Weizer Berglamm" (Lammfleisch aus dem Almenland).

Die Almbauern leisten mit der Bewirtschaftung der Almen, neben der Produktion hochwertiger landwirtschaftlicher Produkte, einen wichtigen Beitrag zur Erhaltung einer überaus reizvollen Landschaft, die von vielen Menschen als natürlicher Erholungs- und Freizeitraum geschätzt wird. Ob Gast, einheimischer Wanderer oder Naturliebhaber, alle erwarten sich bewirtschaftete und gepflegte Almen. Die verschiedenen Funktionen einer zeitgemäßen Almbewirtschaftung und deren Nutzen für viele Interessensgruppen sind unbestritten und sollten eine großzügige Unterstützung der Almwirtschaft seitens der öffentlichen Hand künftig außer Frage stellen.

Kärnten

Kärnten zählt mit über 2.000 bewirtschafteten Almen, das entspricht 19% der Landesfläche, zu den almreichsten Bundesländern. Aufgrund der topografischen Gegebenheiten liegt der almwirtschaftliche Schwerpunkt in Oberkärnten. Die traditionelle Nutzungsform durch unsere bäuerlichen Betriebe ist die Galtviehalpung. Im Gegensatz zu den westlichen Bundesländern spielt die Sennereiwirtschaft nur eine untergeordnete Rolle. Rund 50.000 Stück gealpte Mutterkühe, Kalbinnen, Jungrinder, Ochsen und Stiere bedeuten, daß jedes vierte Rind den Sommer auf der Alm verbringt. Als wertvolle „Weidepfleger" gelten auch die über 15.000 Stück gealpten Pferde, Schafe und Ziegen. Dagegen werden nur 5% des gesamten Milchkuhbestandes gesömmert. Die wenigen traditionellen Almsennereien liegen im Gailtal, im Gebiet der Karnischen Alpen. Sie haben sich in den letzten Jahren sehr positiv entwickelt. Der „Gailtaler Almkäse" errang inzwischen als Marke viele Auszeichnungen.

Aufgrund des hohen Erschließungsgrades und der guten Erreichbarkeit der Almen – 90% aller Almen sind mit befahrbaren Wegen erschlossen – werden die Melkarbeit und die Betreuung der Tiere oft vom Heimhof aus durchgeführt. Nur ein Viertel aller Almen wird während der Weideperiode von ständig anwesendem Almpersonal bewirtschaftet.

Während zahlenmäßig fast drei Viertel aller Almen im Einzeleigentum stehen, überwiegen flächenmäßig die agrargemeinschaftlich bewirtschafteten Almen.

Der alpine Raum hat sich als bedeutende Basis für die Freizeitwirtschaft etabliert. Als touristisches Nischenangebot und zukunftsweisende Alternative für einen sanften Tou-

Die obere Eggerhütte, Großfragant, ist mit 2.286 m ü. A. die höchstgelegene Sennhütte Kärntens.

rismus gilt dabei der Almhüttenurlaub. Es stehen landesweit in einer ökologisch sensiblen Region immer mehr Almhütten für eine Vermietung zur Verfügung, und gut ein Drittel der bäuerlichen Betriebe erzielen daraus einen bedeutenden Anteil ihres Einkommens.

Die Zahl der bäuerlichen Betriebe nimmt jedoch stetig ab. Dazu kommt, daß die Vollerwerbsbetriebe immer häufiger in den Nebenerwerb wechseln, um ihren Familien ein angemessenes Einkommen zu erhalten. Damit verbunden ist ein zunehmender Arbeitsdruck für die in der Landwirtschaft tätigen Personen. So bleibt für notwendige Schwendarbeiten personalbedingt wenig Zeit, und es kann dem natürlichen Prozeß des Zuwachsens unserer Almflächen nicht ausreichend entgegengewirkt werden. Dies bedeutet einen Verlust an almwirtschaftlich geprägter Landschaft, insbesonders in den unteren und mittleren Höhenlagen. Das Freihalten der Almflächen von forstlichem Bewuchs wie auch von Zwergsträuchern ist daher nicht nur ein Anliegen der Almbewirtschafter, sondern auch der breiten Öffentlichkeit, weshalb es auch einer besonderen öffentlichen Unterstützung bedarf. Aus dieser Erkenntnis heraus hat der Kärntner Almwirtschaftsverein ein Almrevitalisierungsprogramm, auch im Hinblick auf die vielfältigen Nutzungsansprüche an den alpinen Raum, geschaffen. Ziel dieses Programms ist eine schonende Rückführung zugewachsener Almflächen in nutzbare Weideflächen unter Berücksichtigung der ökologischen Belange.

Tirol

Das Erscheinungsbild der Tiroler Berglandschaft ist sehr stark durch die Almwirtschaft geprägt. Die jahrhundertelange Beweidung der alpinen und hochalpinen Lagen durch die Haustiere hat ihr heutiges Aussehen geschaffen. Der Mensch rodete Wälder und gestaltete durch die in der Intensität abgestufte Wirtschaftsweise eine abwechslungsreiche Kulturlandschaft.

Die Almen haben für Tirol eine unschätzbare Bedeutung. Mit rund 630.000 ha ist fast die Hälfte der Landesfläche im Almkataster eingetragen. Diese Fläche stellt somit eine unverzichtbare Futtergrundlage für die Tiroler Landwirtschaft dar und wirkt sich durch ihr Ausmaß auch auf viele andere Wirtschafts- und Lebensbereiche aus. Dies

Mahdbergalm in Tirol. In Tirol beweiden eine große Zahl von Milchkühen die hochgelegenen Almweide-flächen.

wird auch daraus ersichtlich, daß 55% der Tiroler Rinder gealpt werden bzw. 76% der Tiroler Bauern ihr Vieh zur Gänze oder zum Teil auf Almen auftreiben. Die Almbesto-ßung ist seit zehn Jahren insgesamt relativ konstant.

Besondere Bedeutung hat – trotz hohen Investitions- und Betreuungsbedarfs – die Alpung von Milchkühen. Die Almmilch wird entweder ins Tal geliefert oder auf der Alm zu Käse und Butter verarbeitet. Im Tiroler Unterland, mit einem großen Anteil an Privatalmen, ist die Alpung von Milchkühen aufgrund der Almmilchkontingente be-deutungsvoll. Im Tiroler Oberland liegen vor allem Agrargemeinschaftsalmen. Viele der dort befindlichen kleinstrukturierten und zum Großteil schwierig zu bewirtschaf-tenden landwirtschaftlichen Nebenerwerbsbetriebe treiben ihren gesamten Viehbe-stand auf die Gemeinschaftsalmen auf. Sie erreichen damit auf den Heimbetrieben eine Arbeitserleichterung während der Sommermonate.

Die Verknüpfung zum Tourismus wird nicht nur durch das Offenhalten der Almflä-chen und der damit verbundenen attraktiven Landschaft erreicht. Es ist vor allem auch die Anwesenheit von Almpersonal und die damit verbundene lebendige Almkultur von Bedeutung. Derzeit nimmt die Almwirtschaft in der gesamten Bevölkerung einen hohen Stellenwert ein. Es ergibt sich somit für so manchen Almbewirtschafter die Mög-lichkeit, ein zusätzliches Einkommen durch eine touristische Nutzung zu erzielen und so den Weiterbestand der Alm zu sichern.

Vorarlberg

Die Almwirtschaft ist für die Landwirtschaft in Vorarlberg von herausragender Bedeu-tung. 80% der Vorarlberger Landesflächen entfallen auf das Berggebiet. Die gesamte Alpfläche Vorarlbergs hat ein Ausmaß von ca. 103.000 ha. Es sind dies mehr als 40% der gesamten Landesfläche. Davon werden ca. 48.000 ha als Futterfläche genutzt. Für unge-fähr 70% der insgesamt rund 3.300 Tierhalter Vorarlbergs ist die Alpung von großer Be-deutung.

Regional gesehen liegen die größten Alpflächen im Montafon, im Hinterbregenzer-wald und im Großen Walsertal. In diesen Tälern sind rund die Hälfte des Gesamtgebie-

Die Alpe Brüggele Zalim in der Gemeinde Brand, im Süden Vorarlbergs.

tes Alpflächen. Am Arlberg und im Kleinen Walsertal sind rund zwei Drittel der Gesamtfläche als Alpe ausgewiesen.

Zur langfristigen Erhaltung der Alpen ist, je nach Höhenlage der Alpe, eine ordentliche Bestoßung von Vieh und eine regelmäßige Weidepflege unerläßlich.

Das Alpgebiet wird in Form der „3-Stufen-Wirtschaft" über Heimgut, Voralpe und Hochalpe bewirtschaftet. Die „3-Stufen-Wirtschaft" bedingt einen mehrmaligen Standortwechsel von Mensch und Tier. Damit sind neben dem sonstigen Aufwand auch hohe Kosten verbunden, da mehrere Gebäude, Bewirtschaftungseinrichtungen und Zufahrtswege erhalten werden müssen.

Die zeitliche Abfolge der Beweidung der verschiedenen Stufen und die Viehmenge müssen den standortlichen Gegebenheiten angepaßt sein, da die Weideflächen, je nach Höhenlage, Topographie und Exposition, im Ertragsjahr unterschiedlich sind.

In Vorarlberg ist die Kuhalpung von besonderer Bedeutung. Von den insgesamt 564 Alpen werden auf 351 Alpen jährlich mehr als fünf Milchkühe gealpt. Insgesamt werden jährlich ca. 10.000 Milchkühe gealpt, auf rund 150 Sennalpen wird die Milch zum „Vorarlberger Alpkäse" (geschützte Marke) verarbeitet. Eine Besonderheit des Montafons (südliche Landesteile) ist die Erzeugung von Sauerkäse.

Die Dauer der Alpung ist je nach Höhenlage der Alpe sehr unterschiedlich und richtet sich hauptsächlich nach dem Futterangebot. Tradition haben die Alpabtriebe. Bei diesen Alpabtrieben werden die Kühe geschmückt und gemeinsam ins Tal bzw. danach aufs Vorsäß getrieben. Mittlerweile auch schon Tradition haben der Alptag und der Markt am 14. und 15. September in Schwarzenberg, bei dem alljährlich eine Prämierung des Alpkäses stattfindet.

Von den auf Vorarlbergs Alpen gesömmerten 39.024 Stück Vieh stammen 5.193 Stück oder 13,81% nicht von Vorarlberger Landwirten, das heißt, etwa jedes siebente Stück Vieh, das den Sommer auf den Vorarlberger Alpen verbringt, stammt aus den an Vorarlberg angrenzenden Ländern (Schweiz, Liechtenstein, Deutschland, Tirol).

ÖKOLOGIE, VEGETATION UND WIRT-SCHAFTLICHE BEDEUTUNG DER ALM-WEIDEN

Die Vegetation der Almen unterliegt besonderen Bedingungen. Während die Landschaft im Talraum maßgeblich von der Nutzung geprägt wird, bestimmen im Gebirge zunehmend Klima, Boden und Geologie den Ertrag und die Ökologie der Almweiden.

Der Mensch beeinflußt die Almen durch die landwirtschaftliche Nutzung nachhaltig. Für den Almbewirtschafter ist es von Bedeutung, welchen Einfluß die Nutzung auf die Zusammensetzung des Pflanzenbestandes hat und welche Auswirkungen auf die Vegetation eine Änderung der Bewirtschaftung mit sich bringt. Das folgende Kapitel soll einen Überblick über diese Wechselwirkungen geben.

Höhenstufen und Gebirgsklima

Die Vegetation der Almen wird maßgeblich von den Höhenstufen geprägt. Mit zunehmender Seehöhe wird die Vegetationsperiode kürzer, die Einstrahlung bei Tag und die nächtliche Ausstrahlung werden deutlich stärker, die Temperatur sinkt und die Niederschläge nehmen zu. Je 100 Höhenmeter setzt das Pflanzenwachstum um 5 bis 6 Tage später ein; der Ertrag nimmt im gleichen Bereich um 4–6% ab. Dementsprechend verkürzt sich auch die Weidezeit (DIETL et al. 1981). Für eine nachhaltige Verbesserung und Nutzung der Almweiden ist es notwendig, diese speziellen naturräumlichen Bedingungen zu berücksichtigen.

Die Pflanzengesellschaften sind diesen Verhältnissen angepaßt und entsprechend höhenzonal gegliedert (vgl. MAYER 1974, KILIAN et al. 1993):

Montan: Die montane Stufe liegt auf einer Seehöhe von 600–1.400 m (Extreme: 300/800–1.200/1.600). Die montane Höhenstufe ist in den Alpengebieten durch Fichte, Tanne und Buche geprägt. Typische Wälder sind der montane Fichtenwald, der Fichten- und Tannenwald, der Fichten-, Tannen- und Buchenwald sowie der Buchenwald.

Tiefsubalpin: Diese Höhenstufe findet man auf einer Seehöhe von 1.400–1.800 m ü. A. (Extreme: 1.100/1.600 – 1.500/2.000). Hier liegt unter natürlichen Bedingungen das Hauptvorkommen des natürlichen subalpinen Fichtenwaldes. Lokal kommen auch subalpine Fichten- und Tannenwälder, subalpine Bergahorn- und Buchenwälder im Norden sowie in den Südalpen subalpine Buchenwälder vor.

Hochsubalpin: Die hochsubalpine Höhenstufe liegt auf einer Seehöhe zwischen 1.800–2.200 m (Extreme: 1.500/2.000 – 1.900/2.400). Hier liegt unter natürlichen Bedingungen das Hauptvorkommen des Lärchen- und Zirbenwaldes, des Lärchenwaldes sowie des subalpinen Zwergstrauchgürtels.

Alpin: Die alpine Höhenstufe reicht von einer Seehöhe von 2.000 (2.400) bis 2.600 (3.000) m ü. A. Hier findet man die von Natur aus waldfreien Standorte über der natürlichen Wald- und Baumgrenze. Die typische Vegetation dieser Höhenstufe sind Zwergstrauch-, Rasen- und Schuttgesellschaften, wie z. B. Borstgrasrasen, Krummseggenrasen, Blaugras-/Horstseggenhalden und die Windheiden.

Nival: Die nivale Höhenstufe liegt über 2.600 (3.000) m ü. A. Dabei handelt es sich um die Regionen oberhalb der Schneegrenze (Gletschergebiet). In dieser Höhenstufe findet man vor allem rasenfreie Fels- und Schuttzonen mit einem sehr lockeren Bewuchs einzelner, oft weit voneinander entfernter Blütenpflanzen (vor allem Polster-, Schutt- und Felsspaltenpflanzen), Moose und Flechten.

Je nach Höhenlage der Almen unterscheidet man zwischen Nieder-, Mittel- und Hochalmen:

Nieder- oder Voralmen: Diese gehören zur Region des Dauersiedlungsraums. Sie liegen im Bereich des Wirtschaftswaldes auf einer Seehöhe bis 1.400 m. Der Almauftrieb findet im Mai statt. Die mittlere Weidezeit beträgt 120 Tage und mehr.

Mittelalmen: Diese liegen am Rand des Wirtschaftswaldes bis in den Schutzwald auf einer Seehöhe zwischen 1.400 und 1.700 m. Der Almauftrieb findet im Juni statt. Die mittlere Weidezeit beträgt bei den Mittelalmen rund 110 Tage.

Hochalmen: Dabei handelt es sich um Weidegebiete, die oberhalb der örtlichen Waldgrenze auf einer Seehöhe von über 1.700 m liegen. Das Vieh wird erst im Juli aufgetrieben. Die mittlere Weidezeit beträgt maximal 90 Tage, über 2.000 m rund 75 Tage und weniger.

Mit zunehmender Höhenlage gewinnen die lokalen Standortparameter, vor allem die Exposition und die Geländeneigung, Einfluß auf Weideertrag und Nutzungsmöglichkeit (vgl. SCHWARZELMÜLLER 1989):

Exposition: Zwischen Almen mit Ost-, Süd- und Westlage gibt es im allgemeinen bezüglich der Weideleistung nur geringe Unterschiede. Hingegen ist der Weideertrag von Almen mit Nordwest- bis Nordost-Exposition deutlich geringer (bis zu 25%). Die Ursachen hierfür sind vor allem die lange Schneebedeckung und die damit verkürzte Vegetationszeit.

Geländeneigung: An steilen Hängen, ab etwa 30% Hangneigung, weiden die Tiere in Schichtenlinien. Dadurch kommt es zu Trittwegen, den „Viehgangeln".

Hangneigung, Exposition, Klima und Bestoßungsintensität bestimmen die Schneemassenverteilung, das Schneekriechen sowie Lawinenabgänge (SCHWARZELMÜLLER 1989):

- Leeseitige Hänge haben meist hohe Schneeablagerungen und neigen ab 20° Geländeneigung zu Schneekriechen, ab 32° zum Abgang von Grundlawinen.
- Leeseitige Hänge neigen während der Schneeschmelze zu Murenabgängen, da der Boden mit Wasser übersättigt ist.
- Die Abtreppung der Hänge durch Viehgangeln vermindert die Gefahr von Kriechschnee. Die Schneedecke wird mit dem Boden verzahnt, diese Verzahnung wirkt Elementarschäden entgegen.

BODEN UND PFLANZENBESTAND

Böden werden nach SCHACHTSCHABEL et al. (1998) als Teil der belebten, obersten Erdkruste des Festlandes bezeichnet. Die Bodeneigenschaften werden im wesentlichen durch Gesteinsverwitterung, Zersetzung von organischem Material, Humusbildung und Stoffverlagerung (z. B. Auswaschung) bestimmt. Im Boden werden die Pflanzen verankert und über das Wurzelsystem mit Nährstoffen, Sauerstoff und Wasser versorgt.

Charakteristisch ist der Aufbau aus mehreren Schichten (Horizonte). Die oberste Schicht ist meist eine unzersetzte Streuauflage mit einem hohen Anteil an organischer Substanz (O-Horizont). Unter der Streuauflage liegt ein durch Humus dunkel gefärbter Mineralbodenhorizont, der A-Horizont. Er liegt auf dem B-Horizont auf. Dieser ist durch Verbraunung und Verlehmung aus dem Oberboden beziehungsweise durch Verwitterung des Ausgangsgesteins (C-Horizont) entstanden.

Der Basengehalt des Bodens hat einen wesentlichen Einfluß auf den pH-Wert. Böden über silikatischem Ausgangsgestein weisen einen niedrigeren pH-Wert auf als Böden über Kalkgestein. Der Basengehalt ist für viele Pflanzenarten ein entscheidender Parameter für ihr Vorkommen. Häufig findet man in der Natur auch Intermediärgesteine (Mischgesteine). Diese zeigen eine enge Verzahnung zwischen Kalk- und Silikatvegetation.

Kalkböden sind zumeist wasserdurchlässiger, trockener und wärmer als Silikatböden. Durch den hohen Kalziumgehalt wird die Stickstoffmineralisation gefördert. Phosphor, Eisen und Mangan sind hingegen schlechter verfügbar als auf sauren Böden.

Silikatböden sind durch einen geringen Kalziumgehalt und bei sehr sauren Böden durch einen relativen Magnesiummangel gekennzeichnet. Eisen und Mangan sind gut verfügbar. Bei hohem Tongehalt sind sie feuchter und kühler als Kalkböden. Darüber hinaus erfolgt der Humusabbau auf saurem Gestein häufig verzögert. Aus diesem Grund sind in sauren Böden die Nährstoffe mitunter schwerer verfügbar (LARCHER 1994, SCHACHTSCHABEL et al. 1998).

Almwirtschaftliche Eignung der unterschiedlichen Bodentypen

Nachfolgend werden die häufigsten Bodentypen der Almen kurz beschrieben. Die Böden werden in Hinblick auf ihre almwirtschaftliche Eignung in drei Klassen gegliedert. Häufig sind Mischtypen ausgebildet, auf die hier nicht gesondert eingegangen wird (KUBIENA 1986, SCHACHTSCHABEL et al. 1998, BUNDESANSTALT FÜR BODENWIRTSCHAFT 1986, BLECHL et al. 1993, 1998, BOHNER 1994, 1998):

Almwirtschaftlich gut geeignete Böden
Auf den nachfolgend beschriebenen Böden können bei entsprechender Nutzung und Pflege gute Almweiden gedeihen. Die Tabelle 5 gibt einen Überblick über die almwirtschaftlich gut geeigneten Böden.

*Tabelle 5: **Standort und Weidetypen almwirtschaftlich gut geeigneter Böden***

Bodentyp	Almweidetyp	Wasserhaushalt	Bodengründigkeit
Braunerden	Fettweiden, Bürstling-rasen	frisch	tiefgründig
Braunlehme	Bürstlingrasen, Fettweiden	frisch bis wechselfeucht	tiefgründig
Ranker	Bürstlingrasen, Krummseggenrasen	mäßig trocken bis wechselfeucht	flach- bis mittelgründig
Rendzina	Fettweiden, Blaugras-/ Horstseggenweiden	frisch	flach- bis mittelgründig

Braunerden: Bei der Braunerde liegt zwischen dem dunkelbraunen Humushorizont (A-Horizont) und dem Ausgangsgestein ein Verwitterungshorizont (B-Horizont). Dieser ist durch Eisen rotbraun bis braun gefärbt. Braunerden kommen vor allem über silikatischem Ausgangsgestein vor. Der Humus liegt aufgrund des regen Bodenlebens zumeist als Mull vor. Der Wert der Böden für die Almwirtschaft hängt vor allem von ihrer Gründigkeit, den Wasserverhältnissen und der Basensättigung des Bodens ab. Bei entsprechender Pflege und Bewirtschaftung sind sie Standorte von ertragreichen Fettweiden, wie Milchkrautweiden, Kammgrasweiden und Goldhaferwiesen, oder von Magerweiden, wie den Bürstlingrasen.

Braunlehme: Braunlehme sind aus Erosionsmaterial oder aus reliktärem Verwitterungsmaterial hervorgegangen. Sie zeigen eine sepiabraune bis ockerbraune Farbe. Braunlehme kommen über Kalk oder Dolomit vor. Der Kalk ist jedoch oberflächlich ausgewaschen, und die Böden sind meist basenarm. Dadurch kommt es zu einer Versauerung des Oberbodens. Aus diesem Grund sind alte Braunlehme eher schlechter mit Nährstoffen versorgt. Die typische Pflanzengesellschaft auf Braunlehme sind Bürstlingrasen. Aber auch Fettweiden, wie die Milchkrautweide, kommen vor. Die Böden sind, vor allem bei Vernässung, sehr vertrittempfindlich. Eine Bodenverwundung sollte insbesondere in Hanglagen vermieden werden.

Ranker: Beim Ranker liegt ein Humushorizont unmittelbar auf dem silikatischen Ausgangsgestein auf. Er entsteht durch Humusakkumulation und Gesteinsverwitterung. Das Hauptverbreitungsgebiet des Rankers sind Hanglagen. Ranker sind in der Regel flach- bis mittelgründig und basenarm. Die Vegetationsdecke wird bei almwirtschaftlicher Nutzung meist von Silikatmagerrasen, wie z. B. Bürstlingrasen, geprägt. Die Standorte neigen häufig zur Verheidung mit Zwergsträuchern, wie der Alpenrose, dem Wacholder und der Schwarzbeere.

Rendzina: Typisch für die Rendzina ist eine dunkle und mächtige Humusauflage. Diese liegt einem kalkreichen Ausgangsgestein auf. Der Boden ist gut durchlüftet, skelettreich und meist flachgründig. Er zeichnet sich durch ein reges Bodenleben aus. Bei almwirtschaftlicher Nutzung sind Kalkmagerrasen, wie der Blaugras-/Horstseggenrasen, und alpine Fettweiden, wie die Milchkrautweide, typisch.

Almwirtschaftlich eingeschränkt geeignete Böden

Die nachfolgend beschriebenen Bodentypen eignen sich aufgrund der Staunässe, Flachgründigkeit oder Nährstoffverfügbarkeit nur eingeschränkt für die almwirtschaftliche Nutzung. Die Tabelle 6 gibt einen Überblick über die almwirtschaftlich eingeschränkt geeigneten Böden.

*Tabelle 6: **Standort und Weidetypen almwirtschaftlich eingeschränkt geeigneter Böden***

Bodentyp	Almweidetyp	Wasserhaushalt	Bodengründigkeit
Gleye	Seggenrieder, Rasenschmielerasen, Hochstaudenfluren	wechselfeucht bis naß	tiefgründig
Podsole	Zwergstrauchheiden	frisch bis wechselfeucht	tiefgründig

Gley: Der Gley ist ein Mineralboden, der von langsam ziehendem bis stehendem Grundwasser beeinflußt ist. Durch Sauerstoffmangel entstehen in den durch Grundwasser geprägten Zonen charakteristische hellgraue, bläuliche oder grünliche Verfärbungen. Im Schwankungsbereich des Grundwassers entstehen durch den Einfluß des Sauerstoffs rostbraune Verfärbungen durch Oxidation. Durch den Sauerstoffmangel ist die Wurzelatmung oft stark eingeschränkt. Gleye sind die natürlichen Standorte nässeverträglicher Pflanzen. Bei weniger feuchten Standorten nimmt häufig die Rasenschmiele überhand. Bei nassen Beständen können auch Binsen oder Sauergräser dominant werden. Die Pflanzenbestände neigen häufig zur Verunkrautung mit Hochstauden, wie der Roßminze und der Sumpfdistel. Während der Trockenphasen sind die Böden weniger empfindlich gegen Vertritt. Bei nassen Bedingungen, wie zum Beispiel nach starken Regenfällen, entstehen leicht Trittschäden.

Eine Sonderform ist der **Alpine Pseudogley**. Im Unterschied zum Gley wird er durch Oberflächenwasser vernäßt. Die Ursache für den Wasserstau ist die Wassersättigung der Böden. Im Winter kommt es durch Temperaturunterschiede zwischen Schnee und Boden zur Ausbildung einer Eiskruste und einer darunter liegenden Stauschicht mit reduzierenden Verhältnissen. Im Frühjahr nach der Schneeschmelze kann das Wasser abfließen.

Podsol: Podsole bilden sich in kühlen Gebieten bei hohen Niederschlagsmengen und basenarmem Ausgangsgestein. Voraussetzung für ihre Entstehung sind schwer abbaubare Vegetationsrückstände, wie Fichtennadeln oder die Blätter und Nadeln von Zwergsträuchern. Bei Podsolen folgt einer meist mächtigen Rohhumusauflage ein Bleichhorizont. Darunter liegt ein rötlicher und/oder brauner Anreicherungshorizont. In Podsolen finden die Bodentiere keine optimalen Lebensbedingungen. Die Streu wird nur langsam zersetzt, die Böden sind nährstoffarm und sauer. Podsole entstehen vor allem unter Zwergstrauchheiden und in Nadelwäldern. Eine Verbesserung der Standorte ist aus almwirtschaftlicher Sicht meist aufwendig. Durch regelmäßige Kalkung (1.000 kg/ha/Jahr) kann der Abbau der Rohhumusschicht beschleunigt werden. Reine Zwergstrauchheiden ohne Futtergräser und -kräuter sollten belassen werden. Der Aufwand zur Umwandlung in Reinweiden wäre unverhältnismäßig hoch.

Almwirtschaftlich nicht geeignete bis stark eingeschränkt geeignete Böden
Vor allem permanent staunasse und extrem flachgründige Böden eignen sich aufgrund
der geringen Futterqualität und der geringen Trittfestigkeit kaum zur Beweidung. Auf
diesen Böden gedeihen vorwiegend Pionierpflanzen, Moose und Flechten. Die Tabelle 7
gibt einen Überblick über die almwirtschaftlich nicht bis stark eingeschränkt geeigneten Böden.

*Tabelle 7: **Standort und Weidetypen almwirtschaftlich nicht bis stark eingeschränkt
geeigneter Böden***

Bodentyp	Almweidetyp	Wasserhaushalt	Bodengründigkeit
Moor	Seggenrieder, Torfmoose	naß bis überflutet	tiefgründig
Syrosem-Rendzina; Protorendzina	Blaugras-/Horstseggenweiden, Polsterseggenrasen, Pionierarten	mäßig trocken bis mäßig frisch	flachgründig
Syrosem-Ranker	Krummseggenrasen, Pionierarten	mäßig trocken bis mäßig frisch	flachgründig

Moorböden: Als Moore bezeichnet man Böden mit einem meist mächtigen, dunklen
Torf-Horizont. Durch Wasserüberschuß kommt es zu Sauerstoffmangel im Boden. Die
organische Substanz kann nicht abgebaut werden, und es entsteht Torf. Die Nährstoffe
sind für die Pflanzen nur in geringem Ausmaß verfügbar. Die Vegetation der Moore
wird von Sauergräsern oder Torfmoosen bestimmt. Zahlreiche hochspezialisierte Pflanzenarten haben sich an die nährstoffarmen Bedingungen angepaßt. Einige von ihnen
(z. B. Sonnentau, Fettkraut) können Nährstoffe aus Insekten aufnehmen (fleischfressende
Pflanzen). Die Insekten, meist Mücken und kleine Fliegen, bleiben an der Blattoberseite
kleben und werden mit Hilfe von Pflanzensekreten verdaut. Moore sind sehr empfindlich gegen Vertritt. Durch die Beweidung entstehen tiefe, wassergefüllte Trittlöcher.
Diese Standorte sind Lebensraum der Zwergschlammschnecke (Zwischenwirt des Leberegels). Aus almwirtschaftlicher Sicht ist die Beweidung von Mooren wenig sinnvoll. Das
Futter ist von schlechter Qualität und wird von Rindern ungern gefressen. Moore sind
Lebensräume von zahlreichen seltenen, gefährdeten oder geschützten Tier- und Pflanzenarten. Eine Entwässerung und Düngung dieser Standorte ist aus naturschutzfachlicher Sicht abzulehnen.

Initialböden auf Kalk (Syrosem-Rendzina, Protorendzina): Die Protorendzina ist ein
Initialboden über Kalk. Charakteristisch sind ein geringer Humushorizont (unter 2 cm)
und das Fehlen einer geschlossenen Bodendecke. Aufgrund der extrem ungünstigen
klimatischen Bedingungen (zum Beispiel exponierte Kuppen an Südhängen oder im
Hochgebirge) ist die Bodenbildung stark verzögert. Die Böden sind extrem flachgründig. Die Standorte werden von Fragmenten der Hochgebirgskarbonatrasen, Polsterpflanzen, Moosen und Flechten, die an extreme Austrocknung und Nährstoffarmut angepaßt sind, besiedelt. Für eine Beweidung sind diese Böden kaum geeignet.

Initialböden auf Silikat (Syrosem-Ranker): Syrosem-Ranker sind Rohböden auf silikatischem Festgestein. Der Humus-Horizont ist meist weniger als 5 cm mächtig. Aufgrund der extremen Standortbedingungen geht die Bodenbildung nur langsam voran. Syrosem-Ranker beschränken sich auf Erosionslagen in Bergregionen, schuttdurchsetzte Bereiche und brüchige Silikatfelsen. Pionierpflanzen, wie Moose und Flechten, können durch Ausscheiden von Säuren Nährstoffe aus dem Gestein lösen. Aus diesem Grund sind die Böden mitunter stark versauert und nährstoffarm. Es dominieren trocken- und frostresistente, kalkmeidende Polsterpflanzen, Rasenfragmente, Moose und Flechten. Für eine Beweidung sind die Standorte kaum geeignet.

DER EINFLUSS DER BEWEIDUNG AUF DIE PFLANZEN-BESTÄNDE DER ALMWEIDEN

Von entscheidender Bedeutung für die Pflanzenbestände auf den Almen ist die Beweidung. Sie nimmt auf folgende Standortfaktoren Einfluß:

Nährstoffversorgung: Die Versorgung der Böden mit Nährstoffen ist sehr unterschiedlich und hängt wesentlich von der Bestoßung der Einzelflächen ab. Die Ausscheidungen der Weidetiere werden großteils dort hinterlassen, wo sie weiden. Auf den Liegeflächen tritt eine gewisse Nährstoffkonzentration und somit eine veränderte Pflanzenwelt (Lägerfluren) auf. Der Mist oder die Gülle, die in den Stallungen gesammelt wird, sollte möglichst gut verteilt auch den ferneren Weideflächen zugeführt werden.

Basengehalt des Bodens: Der geologische Untergrund beeinflußt, in Abhängigkeit von der Beweidungsintensität, das Artenspektrum. Intensiv beweidete Bereiche werden in hohem Ausmaß durch den damit verbundenen hohen Nährstoffeintrag floristisch bestimmt. Weniger beweidete Bereiche der Alm werden in ihrer Artenzusammensetzung hingegen wesentlich vom geologischen Untergrund geprägt.

Lichtverhältnisse: Durch das Abweiden beziehungsweise die ständige Übernutzung werden lichtliebende Pflanzenarten bevorzugt.

Die Beweidung hat auf die Vegetation folgende Auswirkungen
- Das Vieh fördert durch die selektive Futterauswahl bestimmte Pflanzenarten. Dadurch kommt es großflächig zur Ausbildung charakteristischer, sekundärer Weiderasen, wie z. B. dem Bürstlingrasen. Durch diese selektive Auswahl der Pflanzen unterscheidet sich die Weide grundsätzlich von der Mähwiese im Tal oder den Bergmähdern auf der Alm.
- Im Nahbereich von Ställen und Viehunterständen kommt es einerseits durch das ständige Auftreten des Bodens und andererseits durch die relativ hohe Nährstoffausscheidung der Tiere zur Ausbildung von Lägerfluren, wie der Alpenampferflur.
- Im Bereich der montanen bis subalpinen Stufe neigen mäßig nährstoffreiche bis nährstoffarme und eher trockene Standorte über silikatischem Untergrund generell zur Verheidung. Eine Wiederbewaldung und Verheidung kann auch bei intensiver

Beweidung ohne regelmäßig durchgeführte Weidepflege und richtiges Weidemanagement langfristig kaum verhindert werden.

- Basenreiche Böden (Kalk, Dolomit) zeigen zumeist nur eine geringe Tendenz zur Verheidung. Jedoch neigen auch diese Flächen zur Verwaldung und zur Verbuschung, z. B. mit Latschen. Zur Freihaltung der Weideflächen ist auch hier eine Weidepflege unerläßlich.

Aus der Tabelle 8 ist der Einfluß der Bewirtschaftungsintensität auf den Weideertrag ersichtlich.

*Tabelle 8: **Durchschnittliche Netto- und Qualitätserträge bei unterschiedlicher Höhenlage und Bewirtschaftungsintensität***

Seehöhe	Ertrag bei hoher Bewirtschaftungsintensität		Ertrag bei mittlerer Bewirtschaftungsintensität		Ertrag bei geringer Bewirtschaftungsintensität	
in m ü. A.	dt TM/ha	MJ NEL/ha	dt TM/ha	MJ NEL/ha	dt TM/ha	MJ NEL/ha
900–1.200	35–45	22.000	25–35	15.000	15–25	9.000
1.100–1.800	25–35	15.000	15–25	9.000	10–20	5.000
1.700–2.200			5–20	4.000	1–10	2.000

PFLANZENBESTÄNDE UND IHR ERTRAG

Die Ertragsmenge und die Qualität des Aufwuchses spiegeln sich in den Gewichtszunahmen beziehungsweise der Laktation der Weidetiere wider. Um die Weideflächen effizient zu nutzen und nachhaltig zu verbessern, ist das Erkennen und Bewerten der Pflanzenbestände Grundvoraussetzung.

Auf den Almen wechseln die Standortbedingungen meist kleinräumig. In Kombination mit unterschiedlichen Nutzungsformen ergibt sich ein Mosaik unterschiedlicher Pflanzenbestände. Diese Pflanzenbestände bilden die Grundlage für eine erfolgreiche Almwirtschaft. Je nach Nährstoffgehalt, Temperaturverhältnissen und Wasserversorgung ändern sich die Almweidetypen. Dementsprechend werden sie in Fettweiden, Magerweiden, Moore und Quellfluren und Waldweiden differenziert.

> Der Pflanzenbestand der Alm ist die Futtergrundlage des Alpviehs
> während der Weideperiode.

In den folgenden Kapiteln werden unterschiedliche Begriffe bezüglich der Futterqualität und der Futtermenge verwendet:

Bruttoertrag = Futtermenge, die an einem Standort wächst. In Dezitonnen Trockenmasse in der Almperiode pro Hektar (dt/ha).
Nettoertrag = Futtermenge, die vom Vieh tatsächlich aufgenommen wird. In Dezitonnen Trockenmasse in der Almperiode pro Hektar (dt/ha).
Qualitätsertrag = Energiemenge, die vom Vieh aufgenommen wird. In Megajoule Nettoenergielaktation pro Hektar (MJ NEL/ha).
Trockenmasse = wasserfreie Biomasse des Aufwuchses (TM).

In der Tabelle auf Seite 36 wird eine Auswahl charakteristischer Almpflanzen und ihre Verbreitung in den einzelnen Weidetypen dargestellt (vgl. DIETL 1998).

Fettweiden

Fettweiden und Fettwiesen werden meist intensiv genutzt und mehr oder weniger regelmäßig gedüngt. Fettweiden gedeihen auf nährstoffreichen Böden mit ausgeglichenem Wasserhaushalt. Als die wertvollsten Almweideflächen haben sie einen hohen Anteil an guten Futterpflanzen. Aus almwirtschaftlicher Sicht sollte den Fettweiden die höchste Aufmerksamkeit zuteil werden. Regelmäßige Weidepflege beugt einer Verunkrautung vor. Der Nettoertrag der Alm-Fettweiden liegt zwischen 20 und 50 dt/ha. Bei idealer Nutzung werden die Fettweiden im Frühsommer, sobald das Gras eine Höhe von 10 bis 15 cm erreicht hat, abgeweidet (Fausthöhe). In einer 5- bis 7wöchigen Ruhepause können die Gräser und Kräuter wieder nachwachsen. Die Hauptprobleme

Tabelle 9: *Auswahl an Kennarten von almwirtschaftlich bedeutenden Weidetypen*

(häufig: ***, mäßig häufig: **, selten: *, sehr selten bis fehlend: -)

Pflanzenart	Fettweiden	Mager-weiden	Moore und Quellfluren	Waldweiden
Wertvolle Futtergräser				
Alpen-Lieschgras *(Phleum rhaeticum)*	***	*	-	-
Alpen-Rispengras *(Poa alpina)*	***	*	-	-
Rot-Straußgras *(Agrostis capillaris)*	***	*	-	-
Wiesen-Goldhafer *(Trisetum flavescens s.str.)*	**	-	-	-
Rot-Schwingel *(Festuca rubra agg.)*	***	**	-	-
Wiesen-Kammgras *(Cynosurus cristatus)*	**	-	-	-
Wertvolle Futterkräuter und Leguminosen				
Schweizer Löwenzahn *(Leontodon helveticus)*	-	***	*	-
Wiesen-Löwenzahn *(Leontodon hispidus)*	***	**	*	-
Rot-Klee *(Trifolium pratense)*	***	*	-	-
Weiß-Klee *(Trifolium repens)*	***	*	-	-
Braun-Klee *(Trifolium badium)*	**	*	-	-
Bergwiesen-Frauenmantel *(Alchemilla monticola)*	***	*	-	-
Gold-Pippau *(Crepis aurea)*	***	*	-	-
Alpen-Mutterwurz *(Ligusticum mutellina)*	**	*	-	-
Sonstige Gräser und Kräuter				
Borstgras *(Nardus stricta)*	*	***	*	**
Kalk-Blaugras *(Sesleria varia)*	*	***	-	*
Braun-Segge *(Carex nigra)*	-	-	***	-
Woll-Reitgras *(Calamagrostis villosa)*	-	-	-	***
Gewöhnliche Krumm-Segge *(Carex curvula ssp. curvula)*	-	***	-	
Arnika *(Arnica montana)*	-	***		
Bart-Glockenblume *(Campanula barbata)*	-	***		
Glocken-Enzian *(Gentiana acaulis, G. clusii)*	*	***		
Berg-Nelkenwurz *(Geum montanum)*	-	***		
Zwergsträucher				
Besenheide *(Calluna vulgaris)*		**		*
Heidelbeere *(Vaccinium myrtillus)*	-	**		***
Alpen-Rauschbeere *(Vaccinium gaultherioides)*	-	**	-	**
Rost-Alpenrose *(Rhododendron ferrugineum)*	-	**	-	***
Zwerg-Wacholder *(Juniperus communis ssp. alpina)*	-	**	-	*
Weideunkräuter und -ungräser				
Weiß-Germer *(Veratrum album)*	*	*	-	-
Alpen-Ampfer *(Rumex alpinus)*	**	*	-	-
Adlerfarn *(Pteridium aquilinum)*	*	*	-	-
Rasenschmiele *(Deschampsia cespitosa)*	**	-	**	-
Disteln *(Cirsium spp., Carduus spp.)*	**	*	**	*

bei Fettweiden sind das Aufkommen von Einzelbäumen und die Wiederbewaldung. Nach einer Nutzungsauflassung und Extensivierung ändern sich die Pflanzenbestände insbesondere über basischem Ausgangsgestein etwas langsamer als über silikatischem. Unter der natürlichen Waldgrenze neigen die Fettweiden zur Verunkrautung mit Hochstauden. Aus angrenzenden Gräben wandern Grünerlen in die Bestände ein. Von trockenen Kuppen ausgehend verheiden die Flächen, auch der Wald dringt allmählich von den Rändern her in die Fettweiden ein. Die Ausbildung eines geschlossenen Waldes beginnt schleichend und ist nach Jahrzehnten abgeschlossen, sofern keine Beweidung erfolgt oder Pflegemaßnahmen stattfinden.

Alpen-Rispengras *(Poa alpina)*

Das Alpen-Rispengras ist ein geschätztes Futtergras der Fettweiden. Es vermehrt sich durch Brutknospen, dadurch ist es einfach vom Einjährigen Rispengras zu unterscheiden. Beigemischt kommt das Alpen-Rispengras in den meisten Fettweiden der subalpinen Stufe vor.

Rasenschmiele
(Deschampsia cespitosa)

Die Rasenschmiele findet auf nährstoffreichen, frischen bis feuchten Standorten geeignete Wachstumsbedingungen. Die harten, scharfkantigen Blätter werden vom Vieh gemieden. Dadurch nimmt die Rasenschmiele häufig überhand und bildet die typischen „Stollwas´n". Diese sind schwer zu bekämpfen. Regelmäßige, intensive Beweidung der jungen Rasenschmiele oder die Beweidung stark verunkrauteter Bestände mit Pferden ist, neben einer regelmäßigen Pflegemahd beziehungsweise Mulchung, für die Bekämpfung der Rasenschmiele unerläßlich.

Gold-Pippau *(Crepis aurea)*

Der Gold-Pippau ist mit seinen gold-orangen Blütenköpfchen ein charakteristisches Merkmal guter Fettweiden. Er wird ebenso wie der Frauenmantel zu den „Milchkräutern" gezählt, die wesentlich zur Futterqualität der Almweiden beitragen.

Aus der Fülle unterschiedlicher Fettweidetypen und Mischformen werden nachfolgend drei typische und weit verbreitete Fettweiden der Almen vorgestellt.

	Goldpippau-Kammgrasweide und Rotschwingel-Straußgrasweide	Milchkrautweide	Rasenschmiele-Weiderasen
Kennarten	Wiesen-Kammgras Rot-Schwingel Rot-Straußgras Gold-Pippau Weiß-Klee Rot-Klee Wiesen-Löwenzahn	Alpen-Rispengras Alpen-Lieschgras Wiesen-Löwenzahn Gold-Pippau Bergwiesen-Frauenmantel	Rasenschmiele
Ertrag und Futterqualität			
Nettoertrag in dt TM/ha	20 bis 50	20 bis 30	10 bis 25
Qualität in MJ NEL/kg TM	5 bis 6	5 bis 6	4,5 bis 5
Qualitätsertrag in MJ NEL/ha	10.000 bis 30.000	10.000 bis 18.000	4.500 bis 12.500
Ökologie und almwirtschaftliche Bedeutung			
Ökologie	Die Bestände kommen meist auf sonnigen, ebenen bis schwach geneigten Standorten vor. Typisch sind sie für tiefer liegende Almbereiche.	Die Milchkrautweide kommt meist in geschützten Lagen und von Natur aus auf nährstoffreichen Standorten, wie am Fuß von Hängen oder in Mulden, vor.	Die Rasenschmiele-Weiderasen gedeihen auf nährstoffreichen, schweren Böden. Sie entwickeln sich meist aus Fettweiden bei fehlender Weidepflege. Ihre Vermehrung wird durch Trittschäden und stauende Nässe gefördert.
Höhenstufe	obermontane bis subalpine Stufe	subalpine und unteralpine Stufe	montane bis subalpine Stufe
Wasserhaushalt	frisch bis wechselfeucht	frisch bis wechselfeucht	wechselfeucht bis naß
Nährstoffhaushalt/ Basengehalt	nährstoffreich, basenarm bis basenreich	nährstoffreich, basenreich	nährstoffreich, basenarm bis basenreich
Boden	mittel- bis tiefgründig	mittel- bis tiefgründig	tiefgründig
Almwirtschaftliche Bedeutung	Intensive Nutzung als Almweide; gute Weideflächen mit reichem Ertrag und guter Futterqualität. Die Bestände können durch regelmäßige Beweidung und Düngung aus Magerweiden umgewandelt werden.	Fettweide mit guter Futterqualität; aus almwirtschaftlicher Sicht die wertvollste Pflanzengesellschaft in der subalpinen Stufe; sehr kräuterreich; entsteht durch regelmäßige Beweidung und Aufdüngung aus Magerweiden.	Ertragreiche Fettweide mit schlechter Futterqualität; die Rasenschmiele wird nur in sehr jungem Zustand vom Vieh gefressen. Die Standorte eignen sich meist gut zur Bestandsumwandlung in ertragreiche Fettweiden, soferne die Rasenschmiele zurückgedrängt werden kann.

Magerweiden

Magerweiden werden zwar ständig beweidet, Nährstoffe fallen aber meist nur punktuell durch abgelegte Exkremente an. Die typischen Pflanzen der Magerweiden haben geringe Ansprüche an die Wasser- und Nährstoffversorgung und sind großteils von geringem Futterwert. Es können jedoch auch in den Magerweiden wertvolle Futterpflanzen vorkommen. Ihr Nettoertrag ist deutlich niedriger als jener der Fettweiden. Er liegt meist zwischen 5 und 20 dt/ha. Die Magerweiden sind jedoch von hoher almwirtschaftlicher Bedeutung, da

sie zumeist den überwiegenden Flächenanteil der Reinweiden ausmachen.

Die größten Probleme bei Magerweiden sind die Verwaldung, die Verheidung und die Verbuschung. Nach einer Nutzungsauflassung kommt es unterhalb der Waldgrenze zu einem mehr oder weniger raschen Aufkommen der natürlichen Waldgesellschaften. Der Prozeß der Wiederbewaldung wird durch ein vorerst mosaikartiges, in weiterer Folge flächendeckendes Aufkommen von Zwergsträuchern und einzelnen Bäumen eingeleitet. An nährstoffärmeren, eher trockeneren Standorten verläuft der Prozeß der Verheidung meist schneller als auf nährstoffreichen und frischeren Standorten. Dementsprechend geht die Verheidung häufig von trockenen Rücken aus und greift dann auf die Mulden über. Natürliche Rasenbestände in der alpinen Stufe oberhalb der potentiellen Waldgrenze verändern sich auch nach Aufgabe der Beweidung nicht maßgeblich (vgl. EGGER et al. 1994).

> „Bürstlingrasen sind zwar ertragarme Magerrasen, dennoch lebt die Almwirtschaft davon" (BOHNER 1994).

Eine Beweidung kann die natürliche Entwicklung in Richtung Zwergstrauchheiden und Wald nicht wesentlich aufhalten. Zur Freihaltung der Weideflächen ist eine regelmäßige Weidepflege unerläßlich.

Borstgras *(Nardus stricta)*
Der Bürstling (Borstgras) ist ein zähes, rohfaserreiches Gras, das vom Vieh nur im jungen Zustand gefressen wird. Die Verdaulichkeit der organischen Masse liegt lediglich bei 35 bis 40%. Durch die selektive Beweidung wird er stark gefördert. Der

Bürstling ist auf basenarmen Almflächen weit verbreitet. Er kommt jedoch auch über Kalk, auf tiefgründigen Braunlehmen bei intensiver Beweidung vor.

Gewöhnliche Krumm-Segge
(Carex curvula)

Die festen Horste der Krummsegge bestehen aus zahlreichen Triebbündeln, die von mehreren Lagen alter Blattscheiden umhüllt sind. Das Rhizom bildet innerhalb der Blattscheide pro Jahr 2 bis 3 grüne Blätter, die von einem Pilz befallen werden und von der Spitze her abzusterben beginnen (REISIGL & KELLER 1994).

Arnika (Arnica montana)

Die Arnika ist wohl eine der bekanntesten Bergblumen. Sie ist vor allem auf kalkarmen Magerweiden weit verbreitet. Ihre enzündungshemmende Wirkung ist vielen aus eigener Erfahrung bekannt. Vom Weidevieh wird sie meist gemieden.

Schweizer Löwenzahn
(Leontodon helveticus)

Für Magerrasen, vor allem über Silikat, sind die gelben Blütenköpfe des Schweizer Löwenzahnes charakteristisch. Die typischen Standorte sind kräuterreiche Bürstlingrasen. Der Schweizer Löwenzahn ist eines der „Milchkräuter" und damit eine der besten Futterpflanzen der Magerweiden.

Aus den zahlreichen unterschiedlichen Magerweiden der Almen werden nachfolgend drei typische, weit verbreitete Typen herausgegriffen und kurz vorgestellt.

	Bürstlingrasen	Blaugras-Horstseggenrasen	Krummseggenrasen
Kennarten	Borstgras Schweizer Löwenzahn Arnika Berg-Nelkenwurz Einkopf-Ferkelkraut	Kalk-Blaugras Horst-Segge Alpen-Wundklee Kalk-Glocken-Enzian	Krumm-Segge Kopfgras Zwerg-Primel Zwerg-Seifenkraut
Ertrag und Futterqualität			
Nettoertrag in dt/ha TM	5 bis 20	2,5 bis 15	1 bis 7
Qualität in MJ NEL/kg TM	3,5 bis 4,5	4,0 bis 4,5	3,5 bis 4,5
Qualitätsertrag in MJ NEL/ha	1.500 bis 10.000	1.00 bis 7.000	350 bis 3.000
Ökologie und almwirtschaftliche Bedeutung			
Ökologie	Die Bürstlingsweiden gedeihen auf basenarmen Böden. Sie sind die häufigsten Magerweiden in der subalpinen Region über Silikat.	Der Blaugras-Horstseggenrasen ist eine typische Magerweide über Kalk. Besonders auffallend ist die hohe Anzahl an farbenprächtigen Bergblumen.	Die Krummseggenrasen sind die typischen Rasen der alpinen Kältesteppe auf Silikat. Dort bilden sie ausgedehnte Rasen.
Höhenstufe	montane bis unteralpine Stufe	subalpine bis unteralpine Stufe	mittlere bis obere alpine Stufe
Wasserhaushalt	mäßig frisch bis frisch	frisch bis mäßig trocken	frisch bis staufeucht
Nährstoffhaushalt/ Basengehalt	nährstoffarm, basenarm	nährstoffarm, basenreich	nährstoffarm, basenarm
Boden	mittel- bis tiefgründig	flachgründig	mittel- bis tiefgründig
Almwirtschaftliche Bedeutung	Der Großteil der Almweideflächen sind Bürstlingrasen; ihre Futterqualität ist nur mäßig; die Futteraufnahme und Akzeptanz ist nur im Schoßstadium mäßig gegeben, im älteren Stadium erfolgt kaum mehr eine Nutzung; Bürstlingrasen neigen zur Verheidung. Durch sachgemäße Düngung, zum Beispiel mit kompostiertem Stallmist, und entsprechende Nutzung können die Bestände verbessert werden.	Der Blaugras-Horstseggenrasen neigt kaum zur Verheidung und zur Verunkrautung. Durch sachgemäße Düngung können die Bestände etwas verbessert werden.	Extensive Nutzung als Almweiden; die Futterqualität ist schlecht. Die Bestände sind nicht verbesserungswürdig.

Moore und Quellfluren

Der Aufwuchs von Mooren und Quellfluren wird von Rindern eher verschmäht.
Vor allem für Kühe ist die Futterqualität
meist zu gering. Lediglich für Pferde und
Schafe bieten diese Standorte mitunter
ausreichendes Futter. Die Bestände sind
meist nährstoffarm und durch die starke
Vernässung nicht trittfest.

Moore und Quellfluren sind jedoch
wertvolle Wasserspeicher und beherber-
gen eine Vielzahl von seltenen und gefähr-
deten Pflanzen- und Tierarten. Sie werden von Sauergräsern, Binsen oder Moosen do-
miniert.

Moore und Quellfluren verändern ihr Aussehen nach der Auflassung der almwirtschaftlichen Nutzung kaum. Meist kommen aufgrund der permanenten Staunässe von
Natur aus keine Gehölze auf. Mitunter dringen, von den Rändern ausgehend, Grünerlen in die Bestände ein.

Wollgras *(Eriophorum* sp.*)*
Das Wollgras ist eine prägende Art der Riede und Moo-
re. Die weißen, wolligen Blütenbüschel überziehen die
Moore im Sommer wie kleine Wattebäusche. Je nach
Basengehalt des Bodens kommt auf Kalk das Breitblätt-
rige Wollgras (*Eriophorum latifolium*) und auf Silikat das
Schmalblättrige und das Scheidige Wollgras (*Eriophorum
angustifolium, E. vaginatum*) vor.

Stern-Steinbrech *(Saxifraga stellaris)*
Der Stern-Steinbrech ist eine attraktive,
weißblühende Pflanze, die im Spritzwas-
serbereich von Quellen und kleinen Bächen
gedeiht. Kleine Humusansammlungen zwischen Felsen genügen dieser zarten Pflanze, um Fuß zu fassen.

Nachfolgend werden zwei typische Niedermoore und die Quellfluren vorgestellt.

	Davallseggenried	Braunseggenried	Quellfluren
Kennarten	Davall-Segge Breitblatt-Wollgras Mehl-Primel Torfmoose	Braun-Segge Schmalblatt-Wollgras Sumpf-Veilchen Torfmoose Fettkraut	Quellmoose Stern-Steinbrech Sumpfdotterblume Wilde Brunnenkresse Alpendost
Ertrag und Futterqualität			
Nettoertrag in dt/ha TM	2 bis 10	2 bis 10	1 bis 7
Qualität in MJ NEL/kg TM	3,7 bis 4,5	3,7 bis 4,5	3,5 bis 4,3
Qualitätsertrag in MJ NEL/ha	700 bis 4.500	700 bis 4.500	350 bis 3.000
Ökologie und almwirtschaftliche Bedeutung			
Ökologie	Davallseggenriede kommen auf Quell- und Rieselfluren sowie auf vernäßten Hängen und Böden vor. Sie sind sehr artenreich und beherbergen viele naturschutzfachlich wertvolle Pflanzenarten.	Braunseggenriede kommen im Verlandungsbereich von Seen und Bächen, im Randbereich von Quellfluren sowie in vernäßten Talbodenbereichen vor. Sie sind wertvolle Lebensräume zahlreicher gefährdeter Tier- und Pflanzenarten.	Kennzeichnend sind die annähernd gleichbleibenden Temperaturverhältnisse des ständig fließenden Wassers während des gesamten Jahresverlaufes. Auffallend sind die mitunter dichten Teppiche der Quellmoose.
Höhenstufe	montane bis unteralpine Stufe	montane bis unteralpine Stufe	montane bis unteralpine Stufe
Wasserhaushalt	naß bis staunaß	naß bis staunaß	naß bis überrieselt
Nährstoff-haushalt/ Basengehalt	nährstoffarm, basenreich	nährstoffarm, basenarm	nährstoffarm, basenarm bis basenreich
Boden	tiefgründig	tiefgründig	flach- bis tiefgründig
Almwirtschaftliche Bedeutung	Davallseggenriede sind als Rinderweide wenig geeignet. Pferde und Schafe können das Futter bedingt verwerten. Durch Beweidung werden die Moore jedoch stark vertreten.	Ebenso wie das Davallseggenried gibt auch das Braunseggenried eine schlechte Weide für Rinder. Insbesondere für Milchkühe sind diese Bestände ungeeignet.	Der Bewuchs der Quellfluren hat keine almwirtschaftliche Bedeutung. Die Quellen sind jedoch wertvolle Tränkemöglichkeiten für das Weidevieh.
Feuchtstandorte bergen für das Weidevieh die Gefahr der Infektion mit Leberegeln und Lungenwürmern. Die Tränkstellen sollten deshalb befestigt und ausgezäunt werden.			

Geflecktes Fingerknabenkraut
(Dactylorhiza maculata agg.)

Die rosa bis dunkelpurpur gefärbten Blütentrauben dieser Orchidee sind typisch für feuchte Wiesen, Flach- und Quellmoore. Das Vorkommen beschränkt sich nicht auf die Almen, die Pflanze ist auch in den Feucht- wiesen der Tallagen verbreitet. Charakteristisch sind die dunkel gefleckten Blätter des Gefleckten Fingerkna- benkrautes.

Waldweiden

Die alte Form der Waldweide im überlieferten Begriff stellt ein Relikt aus vergangenen Jahrhunderten dar. Die nachteilige Wirkung dieser Nutzungsform auf den Zustand des Waldes ist unbestritten. Durch den möglichst frühen Auftrieb auf die Almen waren die Weiden bald abgegrast und die Tiere gezwungen, sich im Wald Futter zu suchen. Die Resultate sind bekannt: Ungenügende Ernährung der Almtiere, Einschränkung der Äsungsmöglichkeiten von Wildtieren und Schäden im Wald, besonders an der Verjün- gung.

Unter der Auflage, daß je Weide-GVE etwa 15 ha Waldweide vorhanden sein müssen und die Auf- und Abtriebszeiten geregelt sind, können jedoch Nutztiere, Wald- und Wildtiere von der Waldweide profitieren. Der Wald bietet für die Rinder wichtige Mi- neralstoffe und Bitterstoffe durch Blätter, Feinastanteile und Rinde. Die Rinder halten den Wald bis zu einem gewissen Maße sauber. Dies ermöglicht auch dem Wild von Rin- dern „gepflegte" und gedüngte Waldäsungsflächen (MACHATSCHEK 1997) zu nut-

zen. Gerade im Übergang vom Wirtschaftswald zum Almwald bieten viele Lichtungen im locker werdenden Baumbestand durch das Beweiden bessere Wildäsungsmöglichkeiten durch frisch nachtreibendes Weidefutter. Die Lichtungen werden ein „Feinkostladen mit großen Wahlmöglichkeiten" und bieten zusätzlich ausreichend Deckung für das Wild.

Weiters entstehen durch das Abweiden von Lichtungen thermisch begünstigte Ökozellen, welche die lebensnotwendige, insektenreiche Nahrung, besonders für das Auer- und Birkwild bieten. Insgesamt erfährt die Biodiversität eine Steigerung um etwa 200 Arten (FÜRST 1999).

Ordnung von Wald und Weide

Eine standortgemäße, nachhaltige Wald-Weide-Ordnung verlangt mehr als eine bloße Trennung von Wald und Weide. Sie erfordert eine richtige räumliche Anordnung und eine fachgerechte Ausübung beider Nutzungsrichtungen. Die räumliche Trennung zwischen Wald und Weide kann umso vollständiger erfolgen, je besser beide Nutzungsformen betrieben werden können. So kann z. B. auf flachen, sonnigen Niederalmen im Wirtschaftswaldbereich die Weidetrennung großflächiger stattfinden als auf wechselnden und extremen Standorten, wie Mittel- und Hochalmen im Bereich der Kampfzone des Waldes. Hier ist eine kleinflächige Verteilung von Weide und Wald anzustreben. In Schutzwäldern und auf steilen Standorten sollte jedoch jede Art von Beweidung unterbleiben (LEGNER 2002).

Weide im Baumverbund (mit Baumgruppen bestockte Almweiden)

„Der Sturm frißt das weiche Gras", denn er fördert die Ausbreitung von trockenholden Pflanzen und hartgrasigem Weidefutter. Baumgruppen haben einen positiven Einfluß auf Taubildung, Bodenfeuchte, Verdunstung und Windgeschwindigkeit. Dies wirkt sich positiv auf das Kleinklima und damit auch auf das Pflanzenwachstum aus (LEGNER 2002). Baumgruppen und Waldstreifen sind ökologisch umso wertvoller, je höher sie über der Grenze des Wirtschaftswaldes liegen. Hier sind die Baumgruppen für den Almerfolg ebenso wichtig wie die Almweide selbst. Abholzungen sind auf diesen Standorten nicht sinnvoll und Schwendmaßnahmen verlangen nach einem ökologisch orientierten Augenmaß, um nicht Tieren die Lebensgrundlage zu entziehen. Bei Rodungen sollte eine Überschirmung von 5 bis 10% der Weidefläche belassen werden. Zumindest jedoch alle 50 Meter sollte eine Baumgruppe erhalten bleiben.

Die **Lärchweide** stellt eine spezielle Form der Weidenutzung mit landeskultureller Bedeutung dar. Die leicht verrottbaren Nadeln und der gemäßigte Halbschatten bewirken, daß die Lärchenweide insbesondere auf seichtgründigen Sonnenlagen der Lichtweide durch die Mehrfachnutzung (Holz, Weide) im Ertrag überlegen ist. Insbesonders wird der lichtbedürftige Bürstling an seiner Ausbreitung gehindert. Allerdings ist die jährliche Pflege der Lärchweiden aufwendig. Die Weiden müssen jährlich von herabfallenden Ästen und aufkommenden Jungbäumen gesäubert werden. Abstockungen und Freistellungen dürfen nur unter Einhaltung des Naturschutz- und des Forstgesetzes durchgeführt werden.

Nachfolgend werden die Wald- und Lärchenweide vorgestellt.

	Waldweide	Lärchweide
Kennarten	Fichte Lärche Zwergsträucher Woll-Reitgras	Lärche Arten der Magerweiden
Ertrag und Futterqualität		
Nettoertrag in dt/ha TM	0,5 bis 10	2,5 bis 12
Qualität in MJ NEL/kg TM	3,5 bis 4,5	4,0 bis 4,5
Qualitätsertrag in MJ NEL/ha	150 bis 4.500	1.000 bis 5.500
Ökologie und almwirtschaftliche Bedeutung		
Ökologie	Meist sind Waldweiden subalpine Lärchen-/Fichtenwälder. Der Unterwuchs ist aufgrund der dichten Beschattung meist lückig oder von Zwergsträuchern bestimmt.	Lärchwiesen sind Weideflächen mit lockerem Lärchenbewuchs. Sie sind als kulturelles Erbe von besonderer naturschutzfachlicher und landeskultureller Bedeutung. Der geschlossene Unterwuchs wird meist von Magerweiden, wie den Bürstlingsrasen über Silikat oder Blaugrasrasen über Kalk, bestimmt.
Höhenstufe	montane bis subalpine Stufe	montane bis subalpine Stufe
Wasserhaushalt	mäßig frisch bis feucht	mäßig frisch bis wechselfeucht
Nährstoffhaushalt/ Basengehalt	nährstoffarm, basenarm bis basenreich	nährstoffarm, basenarm bis basenreich
Boden	mittel- bis tiefgründig	mittel- bis tiefgründig
Almwirtschaftliche Bedeutung	Der lückige Unterwuchs der Waldweiden entspricht kaum dem Bedarf von leistungsfähigen Rindern. Es gedeihen meist nur wenige Futterpflanzen. Zusätzlich besteht eine erhöhte Verletzungsgefahr für das Vieh. Auch ist das Rind im Wald nur schwer zu beaufsichtigen.	Lärchwiesen sind almwirtschaftlich wertvolle Weiden. Die schnell verrottenden Lärchennadeln sorgen für eine gute Nährstoffversorgung des Oberbodens, der große Lichteinfall für eine geschlossene Grasnarbe. Die Bäume dienen dem Vieh als Unterstand bei Regen und als Schattenspender bei Hitze.

Lärche (Larix decidua)

Die Lärche ist unser einziger nur sommergrüner Nadelbaum. Die Nadeln geben die Nährstoffe im Oberboden frei. Die Baumkrone läßt genügend Licht bis zum Boden durch, um wertvollen Futtergräsern und -kräutern das Vorkommen zu ermöglichen. Der lichtliebende Bürstling findet hier keine optimalen Standortbedingungen und wird zurückgedrängt.

Fichte *(Picea abies)*

Die Fichte ist ein immergrüner Nadelbaum mit schwer verrottbaren Nadeln. Diese akkumulieren sich als Rohhumusauflage und tragen zur Versauerung des Oberbodens bei. Auch beschattet die dichte Krone der Fichte den Boden so stark, daß kaum wertvolle Futterpflanzen im Unterwuchs gedeihen können.

FUTTERBEDARF DER WEIDETIERE

In den nachfolgenden Tabellen wird der Flächenbedarf der einzelnen Tierkategorien anhand einer Fettweide auf 1.000 bis 1.200 m ü. A., einer Fettweide auf 1.400 bis 1.600 m ü. A. und einer Magerweide auf 1.500 bis 1.700 m ü. A. sowie einer typischen Magerweide auf einer Hochalm (zwischen 1.900 und 2.300 m ü. A.) dargestellt (siehe STEINWIDDER 2002, HANSER 1999a, 1999b).

Der Energiebedarf der Weidetiere ist innerhalb der Tierkategorien und der Anforderung verschieden. Er kann in Erhaltungs-, Bewegungs- und Leistungsbedarf gegliedert werden (STEINWIDDER 2002).

Erhaltungsbedarf: Der Erhaltungsbedarf ist der Bedarf an jener Energiemenge, die für eine ausgeglichene Energiebilanz des Weidetieres erforderlich ist. Er setzt sich aus dem Energiebedarf für Stoffwechselvorgänge, Futteraufnahme, Verdauungsarbeit, leichte Muskeltätigkeit und Wärmeregulation zusammen.

Bewegungsbedarf: Der Bewegungsbedarf ist die Energiemenge, die für die täglichen Aktivitäten des Weideviehs aufgebracht werden muß (Futtersuche, Anmarsch zur Tränke). Der Bewegungsbedarf hängt sehr stark von der Steilheit des Geländes und dem Futterangebot einer Fläche ab. Besonders hoch ist der Bewegungsbedarf in unwegsamem Gelände und auf Waldweiden.

Leistungsbedarf: Nur wenn der erforderliche Energiebedarf gedeckt ist, können die eigentlichen Leistungen des Weideviehs (Zuwachs, Milch, Trächtigkeit) erbracht werden. Durch steigende Tageszunahmen und steigende Milchleistung, aber auch bei zunehmender Trächtigkeitsdauer erhöht sich der Leistungsbedarf der Tiere.

In Tabelle 10, auf der nächsten Seite, sind Richtwerte des Energiebedarfs der einzelnen Tierkategorien pro Tag und pro Weideperiode dargestellt.

Tabelle 10: **Energiebedarf des Weideviehs in MJ NEL/Tag**
(durchschnittliche Richtwerte; Quelle: STEINWIDDER 2002)

Energiebedarf	Milchkuh (bei 600 kg Lebendgewicht und 10 kg Milch/Tag)	Kalbin, Jungvieh (350–450 kg Lebendgewicht und 450 g Tageszunahme)	Trockenstehende Milchkuh	Pferd (rund 600 kg Lebendgewicht)	Schaf (Mastlamm; 4 bis 40 kg Lebendgewicht, Tageszunahme von 350 g)	Milchziege (rund 55 kg Lebendgewicht und 3 kg Milch/Tag)
Erhaltungsbedarf	35,5	27,9	35,5	42,9	2,7	5,4
Bewegungsbedarf	3,6	4,7	3,6	2,2	0,1	0,3
Leistungsbedarf	32	13,6			5	8,2
Gesamtbedarf/Tag	**71,1**	**38,6**	**39,1**	**45,1**	**7,8**	**13,9**
Gesamtbedarf bei 75 Weidetagen	5.333	2.895	2.933	3.383	585	1.043
Gesamtbedarf bei 90 Weidetagen	6.400	3.474	3.519	4.059	702	1.251
Gesamtbedarf bei 110 Weidetagen	7.821	4.246	4.301	4.961	858	1.529
Gesamtbedarf bei 130 Weidetagen	9.243	5.018	5.083	5.863	1.014	1.807

Ermittlung der Futtermenge und Futterqualität in einem Versuch der BAL Gumpenstein.

Die Tabelle 11 zeigt die Erträge unterschiedlicher Almweiden. Der Schwankungsbereich der angegebenen Werte liegt zum Teil deutlich über beziehungsweise unter den angeführten Richtwerten, da Standortbedingungen und Weideführung lokal stark schwanken. Aus dem Nettoertrag und der Futterqualität errechnet sich der Qualitätsertrag (MJ NEL) einer Weidefläche. Dieser gibt Aufschluß darüber, wieviel Futter für die gealpten Tiere zur Verfügung steht.

Tabelle 11: **Ertrag unterschiedlicher Almweiden**
(durchschnittliche Richtwerte; vgl. PÖTSCH et al. 1998, BUCHGRABER 2000, EGGER et al. in prep.)

Weidetyp	Weideperiode in Tagen	Bruttoertrag (dt TM/ha)	Nettoertrag (dt TM/ha)	Futterqualität (MJ NEL/kg TM)	Qualitätsertrag (MJ NEL/ha)	Durchschnittlicher Qualitätsertrag in der Weideperiode/ Tag (MJ NEL/ha)
Fettweide/Niederalm (1.000 und 1.200 m ü. A.),	130	37	31	5,7	18.000	140
Fettweide/Mittelalm (1.400 und 1.600 m ü. A.)	110	28	22	5,5	12.500	110
Magerweide/Mittelalm (1.500 und 1.700 m ü. A.)	90	16	11	4,5	5.000	55
Magerweide/Hochalm (1.900 und 2.300 m ü. A.)	75	9	5	4	2.000	30

Die Erträge der Pflanzenbestände stehen nicht nur mit der Nährstoff- und Wasserversorgung, sondern auch mit der Höhenlage in einem engen Zusammenhang. Mit zunehmender Seehöhe werden die Vegetationszeit kürzer und die Temperaturen geringer. Damit einhergehend sinken auch die Erträge der Almweiden.

Die Bruttoerträge der Pflanzenbestände in Abhängigkeit von der Seehöhe. Berücksichtigt man die Weideverluste, bei Magerweiden 30 bis 50%, bei Fettweiden 15 bis 30%, so liegt der Nettoertrag um diesen Prozentsatz tiefer. (verändert aus: EGGER et al. in prep)

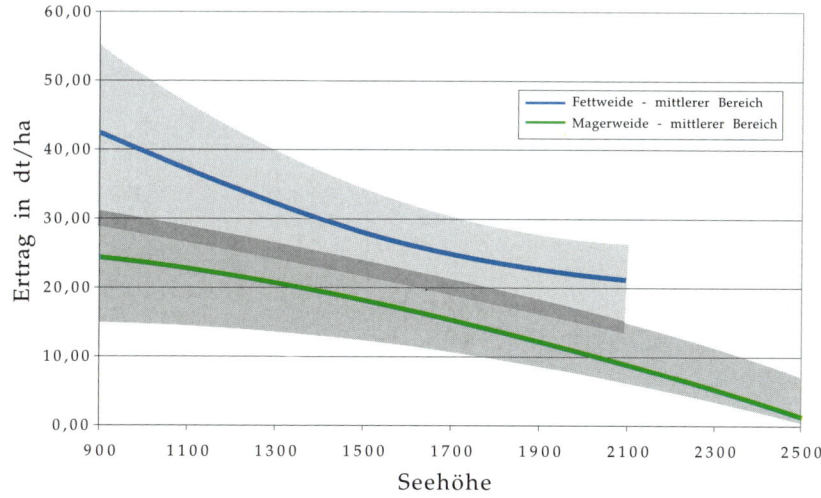

Der Flächenbedarf der einzelnen Tierkategorien hängt von ihrem Energiebedarf ab. Je nach Qualitätsertrag und Weideverlust ändert sich der Flächenbedarf. So benötigt eine Milchkuh bei 10 kg Milchleistung pro Tag rund 1,3 ha Magerweide einer Mittelalm pro Weideperiode. Ein Jungrind kommt bei gleicher Futterqualität mit einer Fläche von rund 0,7 ha aus, und ein Schaf benötigt gar nur 0,1 ha derselben Weidefläche. Der Flächenbedarf in Tabelle 12 entspricht Durchschnittswerten über die gesamte Alpungsperiode. Bei gleichmäßigem Futterangebot über die Weideperiode und optimalem Weidemanagement trifft dieser Flächenbedarf an Reinweide je Tierkategorie zu. Ist allerdings die Almfläche von Trockenheit, extremer Kälte (Schnee) und schlechtem Weidemanagement betroffen, so steigt der Flächenbedarf an und die Tierzahlen je Hektar nehmen ab. Weiters steigt der Flächenbedarf mit zunehmendem Stein-, Wald- und Zwergstrauchanteil und mangelhaftem Weidemanagement.

> Der Tierbesatz auf einer Alm sollte immer auf die schwächste Weidezeit (Spätsommer) ausgelegt werden.

Tabelle 12: **Mindestflächenbedarf des Weideviehs auf unterschiedlichen Almweiden in Hektar bei optimalem Weidemanagement** *(durchschnittliche Richtwerte)*

Weideperiode	Weidetyp	Milchkuh (600 kg Lebendgewicht und 10 kg Milch/Tag)	Kalbin, Jungvieh (350–450 kg Lebendgewicht und 450 g Tageszunahme)	Trockenstehende Milchkuh (rund 600 kg Lebendgewicht)	Pferd (rund 600 kg Lebendgewicht)	Schaf (Mastlamm; 4 bis 40 kg Lebendgewicht, Tageszunahme von 350 g)	Milchziege (rund 55 kg Lebendgewicht und 3 kg Milch/Tag)
130 Weidetage	Fettweide/Niederalm (1.000 und 1.200 m ü. A.)	0,5	0,3	0,3	0,3	0,1	0,1
110 Weidetage	Fettweide/Mittelalm (1.400 und 1.600 m ü. A.)	0,6	0,3	0,3	0,4	0,1	0,1
90 Weidetage	Magerweide/Mittelalm (1.500 und 1.700 m ü. A.)	1,3	0,7	0,7	0,8	0,1	0,3
75 Weidetage	Magerweide/Hochalm (1.900 bis 2.300 m ü. A.)	2,7	1,4	1,5	1,7	0,3	0,5

PROBLEMBEREICHE DER ALMWEIDEN

> Die häufigsten Problembereiche der Almweiden sind das Aufkommen von Zwergsträuchern, Krummholz und Jungwald. Weitere Probleme stellen die Verunkrautung, die Nährstoffarmut, die Bodenversauerung sowie die Versteinung, der Vertritt und die Blaikenbildung dar. In diesem Kapitel wird auf die einzelnen Problembereiche eingegangen, und es werden entsprechende Maßnahmen vorgeschlagen (siehe Kapitel: *Pflege und Management von Almweiden*).

Die Almflächen sind der Natur von unseren Vorfahren mühsam abgerungen worden. Die Wälder wurden unter enormem Aufwand gerodet und die Waldgrenze bei den Mittel- und Niederalmen nach unten gedrückt. Mit heute unvorstellbar hohem Einsatz wurden Weideflächen für das Vieh geschaffen. Da diese Almflächen für den Heimbetrieb von existenzieller Bedeutung waren, wurden sie sorgfältig gepflegt und bewirtschaftet. Nach dem Zweiten Weltkrieg haben der Personalmangel und die fehlende Zeit der Bewirtschafter dazu geführt, daß die notwendige Pflege häufig nicht durchgeführt werden konnte.

Ohne einen Mindestaufwand an Weidepflege holt sich die Natur die Flächen zurück. Verwaldung, Verheidung und Verunkrautung sind die Folge.

AUFKOMMEN VON ZWERGSTRÄUCHERN

Im Unterwuchs der Bergwälder und in den aufgelichteten Baumbeständen der Waldgrenze breitet sich unter natürlichen Bedingungen ein dichter Teppich aus Zwergsträuchern aus. Durch die Almwirtschaft wurden der Natur diese Flächen abgerungen und in wertvolle Almweiden umgewandelt.

Bei mangelnder Weidepflege und geringer Weideintensität nehmen Zwergsträucher überhand und die Natur erobert sich diese Flächen zurück.

Die Zwergsträucher können nur durch regelmäßige Weidepflege in Schach gehalten werden.

Alpenrose oder Almrausch (Rhododendron ferrugineum, R. hirsutum)

In unserer Berglandschaft kommen zwei Alpenrosenarten vor. Auf basischem Gestein ist es die Bewimperte Alpenrose (*Rhododendron hirsutum;* bewimperter Blattrand), die jedoch nur selten dominante Bestände auf Almweiden bildet. Hingegen stellt die Rost-

blättrige Alpenrose (*Rhododendron ferrugineum;* rostrote Blattunterseite) häufig ein großes almwirtschaftliches Problem dar. Sie bildet über saurem Gestein oft dominante Bestände. Entscheidend für die Ausbreitung der Alpenrose ist eine ausreichende Schneebedeckung im Winter. In windgeschützten, schneereichen Lagen ist die Alpenrosenheide bis in eine Höhe von 2.200 m verbreitet. Sie dringt bei mangelnder Weidepflege auf nährstoffarmen Standorten in Almweideflächen ein und ist dort nur schwer zu bekämpfen.

Heidel- oder Schwarzbeere und Rauschbeere
(Vaccinium myrtillus, V. gaultherioides)

Die Heidelbeere bevorzugt frische Standorte. Sie hat ein breites Standortspektrum. Im Unterwuchs der subalpinen Fichtenwälder kommt sie ebenso vor wie in den Randbereichen der Gemsheidenspaliere. Als einer der wenigen Zwergsträucher wird sie vom Vieh zumindest angeknabbert. Die Heidelbeere wirft im Herbst ihr Laub ab. Dieses verrottet nur schwer und bildet im Laufe der Zeit Rohhumusauflagen, die zur Versauerung des Oberbodens führen. Im Unterschied zur Heidelbeere behält die Rauschbeere im Winter ihr Laub. Die typischen Standorte sind Zwergstrauchheiden in der subalpinen bis unteralpinen Höhenstufe.

Zwerg- oder Alpen-Wacholder
(*Juniperus communis ssp. alpina*)

Der immergrüne Wacholder breitet sich vor allem auf flachgründigen, sonnigen, früh schneefreien Hängen aus. Er wird vom Weidevieh gemieden. Auf eine Verletzung des Holzes reagiert er empfindlich. Einmal geschwendet oder abgeschlägelt dauert es sehr lange, bis der Wacholder wieder aufkommt. Die Frucht des Wacholders ist eine Scheinbeere, die von der Blüte bis zur Reife drei Jahre benötigt. Der Wacholder tritt meist mit anderen Zwergsträuchern eng verzahnt auf.

Besenheide *(Calluna vulgaris)*

Die Besenheide hat ihren Verbreitungsschwerpunkt auf nährstoffarmen, eher trockenen und rohhumusreichen Standorten. Auf den Almweiden dringt sie mitunter in Bürstlingrasen ein. Sie wird vom Weidevieh gemieden und erlangt so einen Konkurrenzvorteil gegenüber den Futtergräsern und Kräutern. In der Folge verheiden die Flächen.

Maßnahmen
Schwenden: Sinnvoll ist das Schwenden der Zwergsträucher nur, wenn zwischen den Sträuchern wertvolle Futterpflanzen eingebettet sind. Besonders empfehlenswert ist das Schwenden mit dem Freischneider oder der Motorsense. Auf gleichmäßigem Gelände ist das Schlägeln ebenfalls eine sehr gut geeignete Bekämpfungsmethode. Selten werden Zwergsträucher heute noch händisch ausgerissen.
Düngung: Bei geringem Vorkommen (10 bis 15%) reicht oftmals eine Düngung und eine intensive Bestoßung aus, da die Zwergsträucher der Konkurrenz der geförderten Gräser und Kräuter längerfristig nicht gewachsen sind (GABRIEL 1984).

Begleitmaßnahmen
Schwenden: Das Schwenden sollte regelmäßig wiederholt werden, um eine erneute Ausbreitung hintanzuhalten (alle 3 bis 5 Jahre). Wenn das Gelände mit dem Traktor befahrbar ist, soll eine regelmäßige Pflegemahd oder ein regelmäßiges Schlägeln, jeweils am Ende der Weideperiode (Schwendtage beachten), eine erneute Verheidung hintanhalten.
Räumen der Flächen: Nach dem Schwenden wird das geschwendete Material auf Haufen (Fratten) geschichtet und verbrannt (siehe Kapitel *Gesetzliche Grundlagen*).
Einsaat: Offene, vegetationsfreie Flächen müssen mit standortangepaßtem Saatgut eingesät werden (siehe Kapitel *Einsaat und Übersaat*).

Düngung und Kalkung: Nach dem Schwenden sind bodenverbessernde Begleitmaßnahmen, wie Düngen und Kalken, unerläßlich, um die Bestände langfristig zu verbessern und den Umbau der Rohhumusschicht zu beschleunigen (siehe Kapitel *Kalken und Ausbringen von Gesteinsmehl*).

Achtung!
- Die Flächen müssen nach dem Schwenden umfangreich verbessert und gepflegt werden, da sonst keine Futterpflanzen aufkommen beziehungsweise die Folgevegetation wiederum aus Zwergsträuchern und geringwertigen Futterpflanzen aufgebaut wird.
- Auf Flächen mit 100%iger Zwergstrauchbedeckung und massiven Rohhumusauflagen ist das großflächige Schwenden wirtschaftlich unrentabel. Wohl aber schafft das Zurückdrängen vom Rande her neue Futterflächen.
- Auf sehr flachgründigen oder steilen, erosionsgefährdeten Standorten sowie auf Felskuppen sollte nicht geschwendet werden. Die Zwergsträucher festigen auf solchen Standorten den Untergrund und bieten einen wirksamen Schutz gegen die Erosion.

AUFKOMMEN VON GEBÜSCH UND KRUMMHOLZ

In Lawinenstrichen, Gräben und Standorten, wo aufgrund der Kürze der Vegetationsperiode kein Wald aufkommen kann, können sich Gebüsche und Krummholzbestände etablieren. Vor allem die Grünerlen und die Latschen (selten Weiden und Birken) breiten sich, von diesen Extremstandorten ausgehend, in die Almweideflächen aus. Bei fehlender Weidepflege nehmen sie dort oft innerhalb eines Jahrzehnts überhand und können nur mühsam bekämpft werden.

Grünerle (Alnus alnobetula)

Die Grünerle kommt in niederschlagsreichen Gebieten auf feinerde- und nährstoffreichen Böden, die für den Bergwald meist zu naß oder zu lange mit Schnee bedeckt sind, auf. Sie bietet in rutschgefährdeten Gräben, an Hängen, auf Naßwiesen und entlang von Bächen Schutz vor Erosion, Muren und Lawinen. Jedoch dringt sie häufig, von diesen Standorten ausgehend, in gute Weideflächen ein und breitet sich dort rasch aus. Historisch wurde das Laub der Grünerlen in manchen Gegenden als Zufutter verwendet.

Latsche *(Pinus mugo)*

Die Latsche besiedelt flachgründige Hänge und Kuppen. Sie ist äußerst genügsam, erträgt Hitze und Trockenheit genauso wie Frost und lange Schneebedeckung. Sie ist über anstehendem Fels, auf Schutt, über Kalk, Dolomit und Silikat gleichermaßen verbreitet.

Von Lawinenstrichen und Randlagen ausgehend, dringt sie in Weideflächen ein und bildet dort nahezu undurchdringliche Krummholzbestände.

Maßnahmen
Schwenden: Das Schwenden der Grünerlen gestaltet sich aufwendig, da sie die Fähigkeit besitzen über Stockausschläge wieder auszutreiben. Im Gegensatz dazu wachsen geschwendete Latschen nur verzögert nach. Geschwendet werden die Krummholzbestände mit der Motorsäge und dem Freischneider.

Räumen der Fläche: Das Schwendgut sollte auf Haufen gelagert und bei geeigneter Witterung verbrannt werden (siehe Kapitel *Gesetzliche Grundlagen*).

Begleitmaßnahmen
Schwenden: Das Schwenden der Grünerlen muß regelmäßig wiederholt werden, um eine neuerliche Ausbreitung durch Stockausschläge zu verhindern (alle 3 bis 5 Jahre). Vor allem an den Schwendtagen ist die Bekämpfung der Grünerlen erfolgversprechend (siehe Kapitel *Schwenden*). Auf jeden Fall sollten die Grünerlen während der Vegetationsperiode geschwendet werden, da sonst die Pflanzen Nährstoffe für einen Neuaustrieb in den Wurzeln abspeichern (am günstigsten von Ende Juni bis Ende Juli).

Düngen und Kalken: Vor allem auf rohhumusreichen Standorten über basenarmem Untergrund sollten die Flächen gedüngt werden (siehe Kapitel *Düngen* und Kapitel *Kalken und Ausbringen von Gesteinsmehl*).

Schwenden-Zwergsträucher: Kommen im Unterwuchs Zwergsträucher vor, müssen diese unbedingt geschwendet werden, um eine nachhaltige Verbesserung der Weideflächen zu erzielen.

Einsaat: Offene, vegetationsfreie Flächen müssen mit standortangepaßtem Saatgut eingesät werden (siehe Kapitel *Einsaat und Übersaat*).

Achtung!
- Auf steilen, erosionsgefährdeten Flächen sowie entlang von Bächen, im Bereich von Feuchtflächen, auf flachgründigen Standorten und Felskuppen sollten Krummholz und Gebüsche nicht geschwendet werden.
- Nur bei Krummholzbeständen, deren Unterwuchs von almwirtschaftlich wertvollen Futterpflanzen aufgebaut wird, ist das Schwenden wirtschaftlich rentabel.
- Das Schwendgut darf nicht auf den Flächen belassen werden.

- Für die Bewuchsentfernung in der Kampfzone des Waldes ist eine behördliche Bewilligung notwendig. Keiner Bewilligung bedarf das Entfernen des Bewuchses auf Grundflächen, die im Kataster als Alm zugeordnet sind, nicht zu Wald wurden und deren Bewuchs keine hohe Schutzwirkung nach dem Forstgesetz zukommt. Auf Grund der komplexen Rechtslage wird daher dringend angeraten, vor Durchführung die zuständige Bezirksforstinspektion zu kontaktieren (siehe Kapitel *Gesetzliche Grundlagen*).

AUFKOMMEN VON JUNGWALD

Vor allem auf Weideflächen unterhalb der klimatischen Waldgrenze können Gehölze, wie die Fichte *(Picea abies)*, die Lärche *(Larix decidua)*, manchmal auch Zirbe *(Pinus cembra)* und Rotbuche *(Fagus sylvatica)*, zu einem zentralen Problem der Alm werden und die Weidequalität stark beeinträchtigen.

„Geht die Kuh – kommt der Wald."

Bei der Bekämpfung von aufkommenden Gehölzen auf den Weideflächen ist vor allem das frühzeitige Setzen der Maßnahmen von Bedeutung.

Fichte (Picea abies)
Einzelne große Fichten sind als Schattenspender und Unterstand bei Schnee und Regen wertvolle Elemente einer guten Almweide. Eine Verwaldung der Weideflächen sollte jedoch rechtzeitig verhindert werden. Ab einer Überschirmung von mehr als 5/10 und einer Bestandeshöhe von über 3 Meter ist für das Schwenden eine Rodungsbewilligung erforderlich (FORSTGESETZNOVELLE 2002).

Durch das massive Aufkommen von Baumgruppen gehen wertvolle Weideflächen verloren.

Lärche *(Larix decidua)*

Lärchen sind wertvolle Elemente guter Weideflächen. Der Unterwuchs aufgelockerter Lärchwiesen muß den Vergleich mit guten Reinweideflächen nicht scheuen. Lärchweiden tragen zum Strukturreichtum der Almweiden bei und bieten dem Vieh Unterstand bei Hitze und Schlechtwetter. Vor allem auf sonnseitigen Trockenhängen ist die locker bestockte Lärchweide (rund 30% Überschirmung) der Lichtweide überlegen.

Maßnahmen

Schwenden: Die jungen Bäume werden möglichst tief abgeschnitten, damit die Verletzungsgefahr für die Weidetiere minimiert wird. Junge Bäume mit einem Stammdurchmesser von maximal 3 cm können mit einem Freischneider mit Dickungsmesser und bis ca. 10 cm Durchmesser mit dem Sägeblatt geschwendet werden. Stämme mit größerem Durchmesser werden ausschließlich mit der Motorsäge geschwendet. Ein senkrecht mit der Motorsäge in den Stock geschnittenes Kreuz fördert die Vermoderung.

Schonen einzelner Baumgruppen: Einzelne Fichten- und Lärchengruppen werden als Unterstand und wertvolles Landschaftselement belassen.

Begleitmaßnahmen

Pflege des Unterwuchses: Besonderes Augenmerk sollte auf den Unterwuchs des Fichtenbestandes gelegt werden. Vorhandene Zwergsträucher müssen auf jeden Fall entfernt werden.

Einsaat: Offene Flächen müssen mit standortangepaßtem Saatgut begrünt werden.

Achtung!

- Auf steilen, erosionsgefährdeten Hängen sollten Maßnahmen möglichst unterlassen werden.
- Fichten- und Lärchenbestände, deren Unterwuchs keine Futterpflanzen enthält, sollten nicht geschwendet werden.
- Ab einer Überschirmung von fünf Zehntel der Fläche und einer Bestandeshöhe von mehr als drei Meter gelten die Gehölzbestände als Wald. Unter diesen Voraussetzungen ist nach der ÖSTERREICHISCHEN FORSTGESETZNOVELLE (2002) eine Rodungsbewilligung erforderlich (siehe Kapitel *Bestimmungen des Österreichischen Forstgesetzes*). Im Zweifelsfall sollte immer die zuständige Bezirksforstinspektion kontaktiert werden.

AUFKOMMEN VON UNKRÄUTERN UND UNGRÄSERN

Unkräuter kommen besonders auf nährstoffreichen, gut mit Wasser versorgten Flächen auf. Solche Standorte sind vor allem um Almgebäude und auf Lägerfluren zu finden (vgl. GALLER 1999, 2000).

Die meisten Unkrautarten können durch eine schonende Weidenutzung (Koppelwirtschaft) oder durch regelmäßiges Mähen unter Kontrolle gehalten werden. Sind die Flächen jedoch stark verunkrautet, kann die Weide nur durch radikale Maßnahmen und konsequente Almpflege verbessert werden.

> **Die verantwortungsbewußten Almbauern und Hirten achten bei ihren Weiderundgängen auf Unkräuter und entfernen sie laufend.**

Almampfer *(Rumex alpinus)*

Der Almampfer ist ein ausdauerndes Unkraut. Die mächtige, waagrecht kriechende Wurzel dient als Speicherorgan für Reservestoffe. Damit hat der Ampfer vor allem während ungünstiger Wachstumszeiten einen Konkurrenzvorteil gegenüber Gräsern. Die Wurzel enthält eine Vielzahl von „schlafenden Augen", die jederzeit, vor allem jedoch nach Zerschneiden austreiben können. Eine einzelne Ampferpflanze produziert bis zu 15.000 Samen/Jahr, die im Boden über Jahrzehnte keimfähig bleiben (KRAUTZER 2001, PÖTSCH et al. 2001).

Der Almampfer kommt auf Lägerfluren und besonders auf nährstoffreichen Flächen, wie sie im Nahbereich der Almhütten häufig zu finden sind, vor. Oft hat er sich durch Fehler in der Düngewirtschaft ausgebreitet. Während die Bekämpfung einzelner Almampferpflanzen verhältnismäßig einfach ist, gestaltet sich die Umwandlung reiner Ampferfluren in ertragreiche Reinweiden als äußerst zeitaufwendig und mühsam. Der Aufwand kann sich aber lohnen, da diese Standorte stets nährstoffreich, tiefgründig und meist gut erreichbar sind.

Maßnahmen

Die mechanische Bekämpfung ist schwierig und zeitaufwendig. Erfolge sind oft erst nach mehreren Jahren intensiver Bekämpfung sichtbar (vgl. GINDL 2001).

Mahd: Die Mahd muß unbedingt vor der Bildung von milchreifen Samen erfolgen. Das Mähgut muß bei zu spät gemähtem Ampfer unbedingt abtransportiert werden, um ein Aussamen der Pflanzen zu verhindern. Gute Erfolge werden mit einer Mahd vor der Samenreife zwischen 18. und 22. Juni erzielt (Sommersonnenwende).

Fräsen: Beim Fräsen wird der Bestand mit Hilfe eines Forstmulchers vollkommen erneuert. Die Maßnahme muß zweimal durchgeführt werden. Nach dem ersten Mal keimen unzählige junge Ampfersamen (Sekundärverunkrautung). Dieser junge Ampferbestand muß unbedingt vor der Neuansaat nochmals gefräst werden, um eine ertragreiche Reinweide zu schaffen.

Ausstechen/Ausreißen: Bei geringer Verunkrautung sollten die Einzelpflanzen möglichst tief ausgestochen oder ausgerissen werden (mindestens 20 cm tief).

Begleitmaßnahmen

Einsaat: Nach der Mahd und nach dem Fräsen muß die Fläche unbedingt mit standortangepaßtem Saatgut begrünt werden (siehe Kapitel *Einsaat und Übersaat*).

Mahd: Damit die Folgevegetation aus wertvollen Futterpflanzen aufgebaut wird, ist eine Mahd des jungen Aufwuchses (schröpfen) erforderlich. Zum Schutz vor Vertritt wird die Fläche bis zu einer Bestandeshöhe von rund 15 cm ausgezäunt.

Ausstechen/Ausreißen: Einzelne Ampferpflanzen sollten mit dem Ampferstecher ausgezogen werden.

Achtung!
- Das Mähgut darf nach der Blüte nicht auf der Fläche belassen werden, da milchreife Samen noch ausreifen und keimen.
- Eine chemische Bekämpfung ist aus ökologischen Gründen abzulehnen und nicht ÖPUL-konform.
- Ein vollständiges „Ausrotten" ist nur mit radikalen Methoden möglich (Planie, Fräsen). Ansonsten ist maximal ein Zurückdrängen und Schwächen der Pflanzen möglich. Um den Almampfer erfolgreich zu bekämpfen, muß vor allem die Vitalität der Futtergräser und Kräuter gestärkt werden.

Weißer Germer, Nieswurz oder Läuse-Grindkraut (Veratrum album)

Der Weiße Germer hat einen auffallenden weißen Blütenstand und, im Unterschied zum Enzian, wechselständige Blätter. Er enthält Giftstoffe und ist für das Weidevieh ungenießbar. Das verschafft ihm einen Konkurrenzvorteil gegenüber den meisten anderen Arten. Der Weiße Germer gedeiht auf frischen, meist tiefgründigen Böden. Er speichert die Reservestoffe ebenso wie der Almampfer in der Wurzel und kann trotz mehrmaligem Abmähen wieder austreiben.

Maßnahmen

Einzelpflanzenbehandlung: Das Ausstechen erfolgt mit Wurzelstechern verschiedener Bauart, das Ausdrehen der Pflanzen erfolgt händisch. Beim Ausdrehen wird nach einer Umdrehung mit einem kräftigen Ruck die Pflanze nahe der zwiebelartigen Wurzelknolle abgerissen. Ist die Stengelbasis weiß, so faulen die Wurzeln in der Folge aus. Entscheidend ist, daß die Maßnahme möglichst früh, noch vor dem Schieben der Blüten, in jedem Fall jedoch noch vor der Samenreife, durchgeführt wird (GINDL 2001).

Mahd: Durch eine mehrmalige Mahd können die Pflanzen geschwächt werden, und wertvolle Futterpflanzen erlangen einen Konkurrenzvorteil.

Herbizideinsatz: Der Einsatz von Herbiziden ist auf Almen im ÖPUL 2000 weder flächig noch punktuell erlaubt und aus ökologischen Gründen abzulehnen. Herbizide mit dem Wirkstoff „Glyphosate" eignen sich prinzipiell zur Bekämpfung des Weißen Germers. Ein knapper Fingerhut voll beim Entfalten der Blätter direkt in die oberste trichterförmige Rosette gegossen ist ausreichend.

Begleitmaßnahmen
Bei Weiderundgängen sollten einzelne Germerpflanzen regelmäßig ausgerissen werden!

> **Achtung!**
> - Die Pflanzen sollten nicht zur Samenreife gelangen.
> - Auch einzelne über die Alm verteilte Pflanzen sollten entfernt werden.
> - Der Weiße Germer ist eine Giftpflanze: Das in der Germerpflanze enthaltene Gift dringt über die Haut ein: Bei der Arbeit müssen daher unbedingt Schutzhandschuhe getragen werden!

Rasenschmiele *(Deschampsia cespitosa)*

Die Rasenschmiele kommt vor allem auf nährstoffreichen, wechselfeuchten bis feuchten Flächen auf. Sie wird wegen ihrer steifen, harten Halme und scharfen Blattränder von den Rindern gemieden. Bei extensiver Beweidung erlangt sie einen Konkurrenzvorteil gegenüber den Futterpflanzen, kann sich ungehindert ausbreiten und „Stollwas´n" ausbilden. Auf nicht zu nassen Flächen hat die Bekämpfung der Rasenschmiele hohe Priorität, da sich diese Standorte meist sehr gut zur Umwandlung in ertragreiche Weideflächen eignen.

Maßnahmen
Mahd/Schlägeln: Um die Fläche nachhaltig zu verbessern, ist eine regelmäßige Mahd oder ein Schlägeln erforderlich. Bei geringem Besatz ist das Mähen mit der kurzen, robusten Schwendsense („Staudenbüffel") wesentlich zielführender und besser geeignet als mit dem Freischneider. Bei massiv verunkrauteten Flächen sollte über mehrere Jahre hinweg geschlägelt werden. Große Mengen anfallender Biomasse (abgeschlägelte Horste) müssen von der Fläche entfernt werden, da ansonsten die Grasnarbe abstirbt.

Fräsen: Für die Bekämpfung von massiver Verunkrautung mit Rasenschmiele auf ebenen und leicht geneigten Flächen ist eine vollständige Bestandserneuerung eine gute, jedoch sehr aufwendige Methode, um rasch eine ertragreiche Reinweide zu schaffen. Nach dem Fräsen muß die Fläche mit standortangepaßtem Saatgut begrünt werden.

Weidemanagement: Die Verunkrautung mit der Rasenschmiele kann durch eine Verhinderung der selektiven Beweidung, z. B. eine Beweidung in sehr jungem Stadium von Rindern und sofort danach durch eine Beweidung mit Pferden, eingedämmt werden.

Begleitmaßnahme

Regelmäßige Weidepflege ist unerläßlich, um den Bestand auf Dauer zu verbessern und eine gute Futterqualität zu gewährleisten.

> **Achtung!**
> Nasse oder moorige Bestände sollten unbedingt belassen und ausgezäunt werden. Einerseits sind Maßnahmen auf solchen Standorten wirtschaftlich nicht rentabel, und andererseits stellen Feuchtstandorte wertvolle Biotope für zahlreiche Tier- und Pflanzenarten dar.

Adlerfarn *(Pteridium aquilinum)*

Der Adlerfarn ist eine weltweit verbreitete Pflanzenart, die sich vor allem in Mitteleuropa stark ausbreitet. Er ist in tieferen Lagen auf trockenen bis feuchten, nährstoffarmen, sauren Böden zu finden. Häufig kommt er bei fehlender Weidepflege auf waldnahen Weiden vor.

Vor allem Weiden, die unterbestoßen sind oder nur im Frühjahr beweidet werden, neigen zur Verunkrautung mit dem Adlerfarn. Ebenso wie der Weiße Germer enthält auch der Adlerfarn Giftstoffe, die beim Vieh zu Fieber, Schreckhaftigkeit, Gleichgewichtsstörungen, Durchfall, Blutarmut, Blutharnen und bitterem Geschmack in Milchprodukten führen können (BERGLER et al. 2001).

Neben dem Adlerfarn können auch andere Farne, wie der Wurmfarn, zu einem lästigen Problem auf Almweiden werden.

Maßnahmen

Schlägeln/Mähen: Erfolgreich bekämpft wird der Adlerfarn durch eine Mahd oder besser durch Schlägeln über mehrere Jahre hinweg. Das Schlägeln hinterläßt ausgefranste Triebe, die besser verrotten. Der beste Zeitpunkt dafür ist, wenn sich die Wedel bereits entfaltet haben – ab Juli (siehe Kapitel *Schwenden*).

Düngung: Auch durch eine mäßige Düngung kann der Adlerfarn zurückgedrängt werden, wenn sie durch eine gezielte Beweidung ergänzt wird.

Herbizideinsatz: Der Einsatz von Herbiziden auf Almen ist im ÖPUL 2000 sowohl flächig als auch punktuell verboten und aus ökologischen Gründen abzulehnen. Wirksam ist eine chemische Punktbehandlung mit Herbiziden (Wirkstoff: Amidosulfuron).

Begleitmaßnahmen

Einsaat: Offene Stellen werden mit standortangepaßtem Saatgut begrünt (siehe Kapitel *Einsaat und Übersaat*).

Weidepflege: Intensivierung der Bestoßung und regelmäßige Weidepflege durch Mahd oder Schlägeln.

> **Achtung!**
> Optimale Schwendtage für Farne sind:
> 30. Juli
> 15. August
> 08. September

Disteln *(Carduus sp., Cirsium sp.)*

Disteln kommen vor allem auf Standorten mit warmem Boden vor. Diese Plätze sind meist „Gesundungsliegeplätze" des Viehs.

Disteln, wie die Acker-Kratzdistel *(Cirsium arvense)*, können vor allem bei fehlender Nachmahd zu einem lästigen Unkraut auf Almen werden.

Maßnahme
Pflegemahd nach jedem Weideumtrieb bei Koppelwirtschaft.

> **Achtung!**
> Das Ausreißen von Disteln ist wenig erfolgversprechend, da die meisten Distelarten erneut austreiben.

Brombeeren und sonstige Hochstauden

Vor allem auf Schlagflächen kommt bei fehlender Weidepflege häufig ein Dickicht aus Hochstauden, wie Himbeeren, Brombeeren, und Sträuchern auf. Meist geht diese Verunkrautung von liegengebliebenen Holzhaufen (Fratten) aus. Durch das verrottende Holz werden Nährstoffe freigesetzt, und Unkräuter, wie Brennesseln und Brombeeren, finden geeignete Wachstumsbedingungen.

Maßnahmen
Räumen: Schwend- und Schlägerungsreste sollten bei geeigneter Witterung verbrannt oder abtransportiert werden. Forstfräsen zerkleinern das Material und arbeiten auch Wurzelstöcke sauber in den Boden ein. So gibt es beste Voraussetzungen für Neuansaaten.

„Putzen" der Fläche durch Mähen: Empfehlenswert für diese Arbeit ist vor allem der Freischneider mit dem Dickichtmesser. Mit diesem Gerät kann man die Stauden und jungen Gehölze gleichermaßen entfernen.

Schaffung einer geschlossenen Grasnarbe: Die Fläche sollte mit standortangepaßtem Saatgut eingesät werden.

Intensive Bestoßung oder Pflegemahd: Die frisch geschaffene Weide sollte intensiv bestoßen und gleichmäßig abgeweidet werden.

Begleitmaßnahme

Um eine Sekundärverunkrautung zu verhindern, sollten die Weidereste nach Ende der Weideperiode abgemäht werden.

Achtung!
Schwendhaufen sollten möglichst rasch verbrannt bzw. entfernt werden, damit ein Dickicht gar nicht erst aufkommen kann. Die Brandstellen sollten eingesät werden.

NÄHRSTOFFARMUT UND BODENVERSAUERUNG

Die Nährstoffarmut auf Almweiden hat zwei Ursachen. Einerseits betrifft die Nährstoffarmut gute Standorte mit intensiver Nutzung, wenn durch die Beweidung Nährstoffe entnommen und nicht wieder zugeführt werden.

Die zweite Form der Nährstoffarmut, die jedoch wesentlich häufiger vorkommt, ist der Mangel an pflanzenverfügbaren Nährstoffen der Almweiden. Auf diesen Standorten kommen von Natur aus verstärkt Zwergsträucher auf. Um diese Weiden langfristig zu erhalten beziehungsweise in ertragreiche Flächen umzuwandeln, sind bodenverbessernde Maßnahmen unerläßlich.

Nährstoffarmut

Der Großteil der Weideflächen unserer Almen sind Magerweiden. Weiden im Nahbereich der Almhütten sowie auf ebenen, leicht zugänglichen Flächen können qualitativ verbessert werden. Auf kalkbedürftigen Böden sollte durch eine auf den Boden abgestimmte Kalkgabe der pH-Wert nach vorangegangener Bodenuntersuchung angehoben werden. Erst danach können andere zugeführte Nährstoffe ihre Wirkung entfalten.

Durch eine gezielte Düngung kann auch die Verheidung hintangehalten werden.

Maßnahmen
- Einstallen der Tiere bei Tageshitze bzw. über Nacht, um Dünger zu sammeln.
- Anlegen eines Mistplatzes oder Schaffung eines ausreichenden Gülleraumes.
- Ordnungsgemäße Wirtschaftsdüngerbehandlung, wie Gülleverdünnung und Kompostierung des Stallmistes.

- Düngung von gut erreichbaren Magerweiden und geschwendeten Zwergstrauchheiden (siehe Kapitel *Düngen* und Kapitel *Kalken und Ausbringen von Gesteinsmehl*).

Achtung!
- Steht nur wenig almeigener Wirtschaftsdünger zur Verfügung, sollte er für die besten Flächen in gut verrotteter Form verwendet werden.
- *Wichtig:* Sorgsamer Umgang mit dem Stallmist und mit der Gülle!
- Biobetriebe müssen sich bei der Verwendung von Dünger an die entsprechenden Richtlinien halten.
- Konventionelle Betriebe müssen sich an die Richtlinien der sachgerechten Düngung halten.
- Weiters zu berücksichtigen sind einschlägige Förderungsbestimmungen, das Wasserrechtsgesetz (1990) und die EU-Nitratrichtlinie.

Bodenversauerung

Mit zunehmender Höhenlage verlangsamt sich aufgrund der sinkenden Temperaturen der Abbau des organischen Materials. Dadurch kommt es zu einer Anreicherung von Rohhumus und zur Freisetzung von Huminsäuren. Vor allem bei nährstoff- und basenarmen Böden auf Silikat kommt es in der Folge zur Versauerung des Oberbodens. Zwergsträucher, wie die Schwarzbeere oder der Almrausch, finden auf diesen Standorten ideale Wachstumsbedingungen und tragen durch ihr schwer verrottbares Laub zur Bodenversauerung bei.

Maßnahme
Kalken: Durch eine auf den pH-Wert des Bodens abgestimmte Kalkgabe soll der pH-Wert nach vorangegangener Bodenuntersuchung angehoben werden. Langfristig wäre es günstig, wenn auf Almböden der pH-Wert über 5,0 läge, sinkt er darunter ab, sollte gekalkt werden. Erst danach können andere zugeführte Nährstoffe ihre Wirkung entfalten.

Achtung!
- Das Schwenden und Schlägeln von Zwergsträuchern leitet durch das Abräumen der Vegetationsdecke und die nachfolgende Bodenerwärmung die Umbildung der Rohhumusschichte ein.
- Kalk beschleunigt den Umbau: Ohne Kalkzufuhr bleiben besonders im Silikatgestein die Nährstoffe noch lange Zeit im Boden gebunden. Daher ist Schlägeln und Schwenden ohne Begleitmaßnahmen wenig zielführend.
- Faustzahl: Zur Kalkung von Almböden sollten rund 1.000 kg/ha aufgebracht werden (PÖTSCH et al. 2002).

VERSTEINUNG, VERTRITT UND BLAIKEN

Ein gewisser Anteil an Versteinung ist für Almweiden ebenso typisch wie kleinflächiger Vertritt. Ab einer bestimmten Hangneigung besteht vor allem bei schweren Tieren und bei feuchter Witterung die Gefahr von starkem Vertritt und in Folge von Bodenerosion und Blaikenbildung.

> **Je steiler das Gelände – desto leichter sollte das Weidevieh sein!**

Versteinung

Flachgründige Weideflächen sind, besonders über Kalk und Dolomit, mitunter sehr stark versteint. Dadurch werden almwirtschaftliche Maßnahmen, wie die Pflegemahd, häufig erschwert oder unmöglich. Das Entsteinen ist zeitaufwendig und mühsam. Vor allem nach aufgetretenen Lawinenschäden ist das Entsteinen eine wichtige almwirtschaftliche Maßnahme zur Aufrechterhaltung ertragreicher Almweideflächen. Das Entfernen großer Felsblöcke und Lesesteinhaufen wird aus naturschutzfachlichen Gründen nicht empfohlen. Sie sind Lebensraum zahlreicher wärmeliebender Tier- und Pflanzenarten. Sie erhöhen die Strukturvielfalt und tragen dadurch zur Artenvielfalt der Weideflächen bei.

Maßnahmen
Fräsen: Das Fräsen ist eine zeitsparende Methode, um stark versteinte Almflächen in ertragreiche Reinweiden umzuwandeln. Bei dieser Methode wird die Vegetation jedoch vollständig zerstört, und eine vollständige Bestandserneuerung ist notwendig.
Entsteinen mit Bagger und Handarbeit: Diese Methode schont den Boden. Die vorhandene Vegetationsdecke bleibt dabei weitgehend unbeschädigt.
Einsaat: Offene Flächen müssen mit standortangepaßtem Saatgut begrünt werden.

Achtung!
- Auf sehr flachgründigen Standorten ist das Fräsen wirtschaftlich sinnlos und aus naturschutzfachlicher Sicht abzulehnen.
- Flächen mit einer Hangneigung von mehr als 20% sollten aufgrund der Erosionsgefahr nicht gefräst werden.
- Der Almcharakter muß erhalten bleiben und höhere Priorität als die technische Durchführbarkeit haben.
- Einzelne Felsblöcke und Lesesteinhaufen sind wertvolle Lebensräume für Tier- und Pflanzenarten und müssen belassen werden.

Vertritt

Naßweiden und flachgründige Steilhänge sollten nicht beweidet und eventuell ausgezäunt werden. Auf steilen Hängen steigt die Gefahr der Bodenverwundung mit zunehmender Hangneigung, da die Hufe der Weidetiere in einem steileren Winkel ansetzen und die Druckbelastung steigt. Stark bestoßene Flächen, z. B. im Nahbereich von Stallgebäuden, sind oft sehr stark vertreten. Die offenen Flächen bieten ein optimales Keimbett für Unkräuter, wie den Almampfer und den Weißen Germer.

Maßnahmen
- Auszäunen und Einsaat zur Sanierung wertvoller Almweiden.
- Keine Bestoßung erosionsgefährdeter Hänge bei längeren Schlechtwetterperioden.
- Auszäunen von Mooren und Feuchtflächen.
- Sehr steile Almflächen sollten nur mit Schafen oder Ziegen beweidet werden.
- Der Einsatz von schweren Tieren auf steilen, erosionsgefährdeten Almen sollte überdacht werden.

Achtung!
In seichten Tümpeln und Feuchtflächen mit wassergefüllten Trittlöchern kommt mitunter die Zwergschlammschnecke (Überträger des Leberegels) vor. Ist das Auszäunen solcher Flächen nicht möglich, so ist im Nahbereich der Wasserfläche die Errichtung einer Tränke, die mit frischem Quell- oder Bachwasser gespeist wird, erforderlich. Nur so kann vermieden werden, daß das Vieh aus den Tümpeln und Lacken säuft und sich mit Leberegeln oder Lungenwürmern infiziert (MACHATSCHEK et al. 1999).

Blaiken

Blaiken entstehen durch Bodenrutschungen auf nicht genutzten, steilen Almflächen oder auf Flächen mit starkem Vertritt. Kleinflächige Blaiken bilden oft die Ansatzpunkte für große Erosionen.

Maßnahmen
- Auszäunen und Einsaat zur Sanierung der Blaiken.

- Keine Überbestoßung von erosionsgefährdeten Hängen.
- Keine Bestoßung von erosionsgefährdeten Flächen bei längeren Schlechtwetterperioden.
- Steile, erosionsgefährdete Hänge sollten nur mit leichten Tieren bestoßen werden (Schafe, Jungrinder).
- Fachgerechte Bewirtschaftung von Almweiden ist ein wirksamer Erosionsschutz.
- Aufgetretene Almflächen sollten so rasch wie möglich mit standortangepaßtem Saatgut nachgesät werden.

Achtung!
Blaiken sollten sofort begrünt werden, um Unkräutern keinen offenen Boden zur Besiedlung zu überlassen und die Erosion hintanzuhalten.

PFLEGE UND MANAGEMENT VON ALMWEIDEN

Um Almen nachhaltig zu bewirtschaften, müssen viele Faktoren berücksichtigt werden. Die Grundlagen sind der Pflanzenstandort und seine Nutzungseignung. Eine angemessene Ertragsleistung setzt voraus, daß auf den Almweiden eine technisch und ökologisch angepaßte Wirtschaftsweise stattfindet. Um die Almweiden langfristig in gutem Zustand zu erhalten, ist die geordnete Weidewirtschaft von großer Bedeutung. Die Almweiden müssen kontinuierlich gepflegt und ausgewogen bewirtschaftet werden. Werden die Grundsätze der geordneten Weidewirtschaft beachtet, sind umfangreiche Revitalisierungen meist nicht notwendig.

Auf zahlreichen Almen wurde die Weidepflege in den letzten Jahrzehnten vernachlässigt. Um die Weideflächen wieder herzustellen und entsprechend zu nutzen, sind großflächige Maßnahmen erforderlich. Diese Maßnahmen werden im folgenden Kapitel vorgestellt, und ihr Aufwand wird geschätzt.

Die Almen sind aus wirtschaftlicher und ökologischer Sicht von großer Bedeutung. Die Alpung fördert die Tiergesundheit, entlastet die Heimbetriebe und bildet die Grundlage für eine abwechslungsreiche alpine Kulturlandschaft. Um die Nutztiere angemessen ernähren zu können und eine vielfältige Pflanzenwelt zu erhalten, sollten die Almen an die natürlichen Bedingungen angepaßt und unterschiedlich intensiv bewirtschaftet werden. Sie sollten so genutzt werden, wie es den Klima- und Bodenverhältnissen entspricht, sodaß die vielfältigen Lebensräume langfristig erhalten bleiben (vgl. DIETL 1990, 1997, MACHATSCHEK 1999, BERGLER et al. 2001).

Die Maßnahmen zielen auf eine nachhaltige Almbewirtschaftung ab, die einerseits ertragreich ist und andererseits auch die biologischen und kulturellen Lebensgrundlagen des Menschen und der Landschaft schont und fördert (vgl. DIETL 1996). Dabei ist vor allem auf das natürliche Ertragspotential bei der Bewirtschaftung zu achten (BUCHGRABER 1995).

Standortgemäß: Die Nutzung muß so erfolgen, wie es den Klima-, Boden- und Geländeverhältnissen sowie der Pflanzengesellschaft auf die Dauer entspricht.

Artgerecht: Durch die angepaßte Bewirtschaftung werden die Artenvielfalt und die Lebensräume der Pflanzen und Tiere nicht beeinträchtigt.

Bei der Revitalisierung und Pflege von Almweiden sind folgende Grundsätze zu beachten:

1. Größtes Augenmerk den besten Flächen!

Grundsätzlich ist mit der Weidepflege auf den guten, ertragsfähigen Weiden zu beginnen! Der Aufwand, diese zu verbessern und die Qualität langfristig zu erhalten, ist meist gering, jedoch von großer wirtschaftlicher Bedeutung.

2. **Maßnahmen sollten nur auf Flächen gesetzt werden, die verbesserungswürdig sind!**
Auf stark verheideten Flächen ohne wertvolle Futterpflanzen, auf Naßwiesen und Mooren, auf verwachsenen, stark versteinten Flächen sowie im Bereich von alpinen Matten (z. B. Krummseggenrasen) sind weidewirtschaftliche Maßnahmen unrentabel. Der Aufwand ist enorm hoch und der Erfolg meist gering. Diese Flächen sollten der Natur vorbehalten bleiben.

3. **Einzelmaßnahmen zu sinnvollen Maßnahmenpaketen kombinieren!**
Punktuelle Einzelmaßnahmen sind zumeist wenig erfolgversprechend. Eine nachhaltige Weideverbesserung bedarf einer Kombination von unterschiedlichen Maßnahmen.

4. **Möglichst große, zusammenhängende Flächen schaffen!**
Eine große, zusammenhängende Weidefläche ist besser als kleine, weit verstreute Weideflächen.

5. **Weidepflege muß frühzeitig und kontinuierlich durchgeführt werden!**
Regelmäßige und frühzeitige Weidepflege ist besser als einmalige und sehr aufwendige Revitalisierungsmaßnahmen. Die Wiederherstellung von Almflächen ist nur dann sinnvoll, wenn die Almweiden nach den Erstmaßnahmen weiterhin und fortlaufend sorgfältig gepflegt und genutzt werden.

6. **Maßnahmen und Nutzung aufeinander abstimmen!**
Finden Maßnahmen zur Verbesserung der Weidequalität statt, muß die Nutzung entsprechend angepaßt werden. Je höher der Qualitätsertrag einer Weide ist, umso wichtiger sind optimaler Nutzungszeitpunkt und Pflegemaßnahmen, unter Einhaltung von Ruhezeiten zur Regeneration der Pflanzendecke. Ansonsten steht den Tieren nur ein Teil des Weidepotentials zur Verfügung (übernutzte Flächen im Wechsel mit überständigem Futter und Verunkrautung).

7. **Berücksichtigung der Standortbedingungen!**
Für eine nachhaltige Verbesserung und Nutzung ist es besonders in der alpinen Höhenstufe notwendig, die speziellen Voraussetzungen und naturräumlichen Grundlagen zu berücksichtigen.

GEORDNETE WEIDEWIRTSCHAFT

Die geordnete Weidewirtschaft („Weidemanagement") ist die zentrale Maßnahme zur dauerhaften Aufrechterhaltung einer guten Weidequalität. Die geordnete Weidewirtschaft wird durch folgende Leitsätze deutlich gemacht (nach DIETL 1990, DIETL 1997):

Möglichst früh bestoßen: Ein an die Futterfläche angepaßter Viehbesatz sollte rechtzeitig aufgetrieben werden. Bei einem frühen Auftrieb sind auch weniger bekömmliche Pflanzen, wie die Rasenschmiele oder der Bürstling, noch schmackhaft und werden vom Weidevieh aufgenommen. Der optimale Bestoßungszeitpunkt ist, wenn das Futter fausthoch steht.

Angemessene Ernährung der Weidetiere: Die besten Flächen sollten den Milchkühen vorbehalten werden. Jung- und Galtvieh weiden vorzugsweise nach den Milchkühen bzw. auf den Magerweiden. Die entlegensten Flächen und steile Hänge werden mit Schafen bestoßen. Die Tiere sollten zu guten Futterverwertern erzogen werden. Durch angepaßte und nicht zu große Koppeln wird das Weidevieh gezwungen, auch weniger schmackhafte Futterstellen zu nutzen. Das Pferd ist ein dankbarer Nachweider. Es frißt nach den Rindern auch weniger schmackhafte Pflanzen, wie den Bürstling oder die Rasenschmiele, und putzt so die Weideflächen.

Koppelwirtschaft: Umtriebsweiden liefern ein gutes Futter über die gesamte Alpungsperiode. Die Weiden werden gleichmäßig abgefressen, und viele Probleme, wie Verheidung und Verunkrautung, werden hintangehalten. Durch die Koppelwirtschaft kann der Nutzungszeitpunkt optimal auf den Qualitätsertrag der Fläche abgestimmt werden.

Keine Über- oder Unternutzung: Je mehr Futter angeboten wird, desto selektiver kann das Vieh weiden. Die Folgen sind Verunkrautung und Verheidung. Wird jedoch laufend übernutzt, so gehen wertvolle Futterpflanzen verloren. Je nach Futterqualität und Menge kann ein Pflanzenbestand unterschiedlich stark abgeweidet und trotzdem ausgeglichen bestoßen sein. Zum Beispiel verträgt eine verheidete Magerweide weit weniger Vieh als eine ertragreiche Fettweide der gleichen Größe. In der nachfolgenden Tabelle sind Richtwerte bezüglich der Über- und Unterbestoßung verschiedener Weidetypen angeführt.

Tabelle 13: **Über- und Unterbestoßung unterschiedlicher Weidetypen**

Nutzung	Fettweide	Magerweide	Weide im Baumverbund	Verheidete Weide	Verbuschte Weide	Waldweide
extensiv beweidet	- -	-	-	±	±	±
mäßig intensiv beweidet	-	±	±	+	+	++
intensiv beweidet	- ±	+	+	+	+	++
vollständig abgeweidet	+	++	++	++	++	++

Legende: - - : stark unterbestoßen - : leicht unterbestoßen ± : ausgeglichen bestoßen
+ : leicht überbestoßen + + : stark überbestoßen

Koppelwirtschaft

Je wüchsiger eine Fläche ist, desto mehr neigt sie zur Verunkrautung und umso wichtiger ist die Koppelwirtschaft! Mit Solarstrom und variablen Zäunen kann die Koppelwirtschaft auch auf Almflächen einfach und wirtschaftlich betrieben werden.

Die Form der Koppeln sollte in Hanglagen einem liegenden Rechteck entsprechen, da die Rinder in Querlinien weiden (Viehgangeln).

Fixzäune: Fixzäune sind an den Außengrenzen als Schutzzäune sowie zur groben Unterteilung der Alm notwendig.

Variable Zäune: Diese Zäune können problemlos umgesteckt werden. Sie eignen sich zur Unterteilung der Alm in mehrere variable Koppeln.

In der nachfolgenden Tabelle sind Beispiele für Umtriebsweiden dargestellt. Die Tabelle enthält detaillierte Weideschemen für Nieder-, Mittel- und Hochalmen. Die Werte sind Richtwerte, die Besatz- und Ruhezeiten sind an die individuellen Gegebenheiten der einzelnen Almen anzupassen.

*Tabelle 14: **Weideführung, je nach Höhenlage, Koppelzahl und Bestoßzeit auf Almen***

Höhen-lage	Weidetyp	Netto-erträge in kg/ha TM	Durch-schnitt-liche Weide-periode in Tagen	Weideführung				
				Koppel-zahl	Bestoßzeit je Koppel in Tagen			Ruhe-zeit in Tagen je Umtrieb
					1. Umtrieb	2. Umtrieb	3. Umtrieb	
Niederal-men 900–1.400 m	Fettweiden: Magerwei-den:	3.500 2.400	105	3	17	12	6	34–24–12
				4	12	9	5	36–27–15
				5	11	7	3	44–28–12
				6	8	6	3	40–30–17
				8*	7	4	2–3	49–28–17
Mittelal-men 1.400–1.700 m	Fettweiden: Magerwei-den:	2.600 1.600	90	3	20	10	–	40–20
				4	14	8	–	42–24
				5	12	6	–	48–24
				6*	10	5	–	50–25
Hochal-men über 1.700 m	Magerwei-den:	800	75	2	30	15	–	30
				3	20	7	–	40–17
				4	15	ca. 5	–	45–15
				5	12	ca. 5	–	48–24

Durch Abweichungen im Witterungsverlauf können sich Schwankungen in der Bestoßzeit, die als Richtwerte zu verstehen sind, von bis zu 30% ergeben.
Die Koppelgröße sollte auf die Ertragslage und die Güte der Weidenarbe abgestimmt sein.
Auf größeren fix umzäunten Weiden lohnt sich die Unterteilung mit einem E-Zaunband, um eine Umtriebsweide zu erreichen.

Durchschnittliche Nachwuchszeit für Almweidefutter		
Juni bzw. bessere Lagen: 30 Tage = 4 Wochen	Juli bzw. mittlere Lagen: 40 Tage = 5–6 Wochen	August bzw. ungünstige Lagen: 50 Tage und mehr = 7–8 Wochen

Bei optimaler Weideführung wird die Almweide in mehrere Koppeln untergliedert:
Eine (zwei) Freßkoppel: Die Freßkoppel wird je nach Größe rund sieben bis zehn Tage beweidet.
Eine Pflegekoppel: Hier finden nach der Beweidung Pflegemaßnahmen, wie Nachmahd oder Schlägeln bzw. Mulchen, statt.
Zwei (bis vier) Ruhekoppeln: Auf den Ruhekoppeln wächst das Futter etwa vier bis sieben Wochen nach, bevor die Flächen wieder bestoßen werden.
    Eine sachgemäße Koppelung nimmt auf das Gelände, die Hangneigung und die Exposition, den Pflanzenbestand und die Weidetiere Rücksicht. Die obersten Almbereiche

werden vom Vieh bevorzugt abgeweidet. Damit die Rinder nicht bald nach dem Alm-auftrieb in den obersten Regionen weiden und das Futter der Niederalmen überständig wird, ist die Errichtung von Querzäunen sinnvoll (MACHATSCHEK 1999). Alle Koppeln müssen gut erreichbar und mit Tränken ausgestattet sein.

Schema der Weidenutzung für Niederalmen (Weidedauer etwa 105 Tage)

*Tabelle 15: **Beispiel für eine Koppelwirtschaft auf Niederalmen*** (Ko. = Koppel)

	1. Ko.	2. Ko.	3. Ko.	4. Ko.			Umtriebs-zeit in Tg.	Ruhezeit in Tagen
	Besatzzeit in Tagen							
1. Umtrieb	12	12	12	12			48	36
2. Umtrieb	9	9	9	9			36	27
3. Umtrieb	5	5	5	5			20	15

	1. Ko.	2. Ko.	3. Ko.	4. Ko.	5. Ko.		Umtriebs-zeit in Tg.	Ruhezeit in Tagen
	Besatzzeit in Tagen							
1. Umtrieb	11	11	11	11	11		55	44
2. Umtrieb	7	7	7	7	7		35	28
3. Umtrieb	3	3	3	3	3		15	12

	1. Ko.	2. Ko.	3. Ko.	4. Ko.	5. Ko.	6. Ko.	Umtriebs-zeit in Tg.	Ruhezeit in Tagen
	Besatzzeit in Tagen							
1. Umtrieb	8	8	8	8	8	8	48	40
2. Umtrieb	6	6	6	6	6	6	36	30
3. Umtrieb	3–4	3–4	3–4	3	3	3	18-21	17

	1. Ko.	2. Ko.	3. Ko.	4. Ko.	5. Ko.	6. Ko.	7. Ko.	8. Ko.	Umtriebs-zeit in Tg.	Ruhezeit in Tagen
	Besatzzeit in Tagen									
1. Umtrieb	7	7	7	7	7	7	7	7	56	49
2. Umtrieb	4	4	4	4	4	4	4	4	32	28
3. Umtrieb	2–3	2–3	2–3	2–3	2–3	2–3	2–3	2–3	20	17

Begonnen wird mit der Beweidung, welche bei 4 Koppeln im 1. Umtrieb jeweils 12 Tage dauert (= Besatzzeit), bei etwa fausthohem Weidegras auf der frühesten Koppel. An-schließend werden die Koppeln der Reihe nach beweidet, während die abgeweideten Koppeln gepflegt werden und der neuerliche Nachwuchs beginnt.

Die Besatzzeit sinkt bei 8 Koppeln auf etwa je 7 Tage. Dies wirkt sich günstig im Hin-blick auf geringere Trittschäden und verminderte Weidereste aus, da hier das selektive Freßverhalten der Almtiere weniger stark ausgeprägt ist als bei einer Besatzzeit von 10 Tagen und mehr. Mit steigender Koppelzahl wird auch die Ruhezeit zum Nach-wachsen des Futters verlängert, und so ist gewährleistet, daß auch im Nachsommer noch genügend Futter zur Verfügung steht. Zu Beginn der Almperiode und auch noch im 2. Umtrieb bewährt sich eine Teilung von größeren Koppeln mittels Elektrozaunes, der vor dem letzten Umtrieb abgenommen wird, so daß den Tieren gegen Herbst zu eine große, fix umzäunte Koppel zur Verfügung steht.

Im 2. und 3. Umtrieb verkürzt sich die Besatzzeit durch den nachlassenden Futterzuwachs auf je 4 bis 9 Tage. Zwangsläufig verringert sich im selben Maße auch die Ruhezeit, sie beträgt statt etwa 40 bis 50 Tage im 1. Umtrieb nur mehr 28 bis 30 Tage. Leider wird in der Praxis viel zu wenig erkannt, daß eine sinnvolle Koppelteilung die effizienteste Maßnahme zur Ertragssteigerung ist. Was früher die Behirtung der Tiere durch den „Halter" bewirkte, müssen heute die Umzäunung und Weideeinteilung erzielen.

*Tabelle 16: **Beispiel für eine Koppelwirtschaft auf Mittelalmen*** (Ko. = Koppel)

	1. Ko.	2. Ko.	3. Ko.	4. Ko.			Umtriebszeit in Tg.	Ruhezeit in Tagen
	Besatzzeit in Tagen							
1. Umtrieb	14	14	14	14			56	42
2. Umtrieb	8	8	8	8			32	(24)

	1. Ko.	2. Ko.	3. Ko.	4. Ko.	5. Ko.		Umtriebszeit in Tg.	Ruhezeit in Tagen
	Besatzzeit in Tagen							
1. Umtrieb	12	12	12	12	12		60	48
2. Umtrieb	6	6	6	6	6		30	(24)

	1. Ko.	2. Ko.	3. Ko.	4. Ko.	5. Ko.	6. Ko.	Umtriebszeit in Tg.	Ruhezeit in Tagen
	Besatzzeit in Tagen							
1. Umtrieb	10	10	10	10	10	10	60	50
2. Umtrieb	5	5	5	5	5	5	30	(25)

Auch hier wird möglichst früh mit dem Auftrieb begonnen, damit den Tieren „das Futter ins Maul wächst". Die frühesten Koppeln sollten beim ersten Umtrieb auch nicht überweidet werden. Andernfalls besteht die Gefahr, daß das Futter auf den restlichen Koppeln „davonwächst" und vom Vieh weniger gern aufgenommen wird. Die Besatzzeit dauert je nach Koppelzahl 10 bis 14 Tage und liegt bereits über dem optimalen Bereich. Während der ersten Tage in einer neuen Koppel wird mehr Futter verzehrt, während bei der Futtersuche gegen Ende der Besatzzeit die Trittverluste zunehmen und der Bewegungsaufwand (= Zuwachsverlust) der Tiere erheblich steigt. Die Ruhezeit von 6 bis 7 Wochen reicht für einen entsprechenden Nachwuchs, wenn nicht Witterungsextreme neue Situationen schaffen. Im 2. Umtrieb ist die Besatzzeit durch den nachlassenden Futterzuwachs wesentlich geringer als im ersten und beträgt 5 bis 8 Tage je Koppel.

Die schematisch dargestellten Beispiele sollen eine Hilfestellung beim Erstellen eines maßgeschneiderten Weideplans bieten, der auf die speziellen Verhältnisse jeder Alm abzustimmen ist. Das Gelände, die Größe der Almbereiche und die unterschiedliche Futtergüte bestimmen die Bestoßzeiten vor Ort – und doch sind aus dem Weideschema die natürlichen Gesetzmäßigkeiten abzuleiten. Machen Sie Aufzeichnungen!

Vergleichen Sie in Tabelle 14 die Besatzzeit (= Bestoßzeit) je nach Koppelzahl und die daraus resultierende Ruhezeit zum Nachwachsen des Futters. Hier wird verdeutlicht, daß durch eine größere Anzahl von Koppeln die Aufenthaltsdauer für das Abweiden bei einer gleichzeitigen Verlängerung der Ruhezeit geringer wird. Die Kenntnis dieser Zusammenhänge ist der eigentliche Schlüssel des Weidemanagements.

*Den Rindern sollte auf der Alm das beste
Futter zur Verfügung stehen.*

*Pferde fressen bei geringem Futterangebot
auch harte Gräser wie den Bürstling.*

**Je steiler die Weidefläche ist, desto leichter sollte das Weidevieh
und desto kürzer die Bestoßungszeit sein.**

Im Rhythmus von mehreren Jahren sollten die einzelnen Koppeln vollständig abgefressen werden, um eine Verunkrautung einzuschränken. Das heißt, das Vieh sollte unter Beaufsichtigung zwei Tage länger als üblich in einer Koppel belassen werden (kurz-
fristige Überbeweidung). Wird die Fläche unmittelbar vor der Beweidung mit
standortangepaßtem Saatgut nachgesät, tritt das Vieh den Samen in den Boden (Hufkultivierung). Im Anschluß sollte das Vieh auf eine Weide mit minderwertigem Pflan-
zenbewuchs gebracht werden, dadurch wird auch diese Koppel gut abgeweidet
(MACHATSCHEK 1999).

Das Einstallen von Milchkühen während der Nacht, während der Tageshitze und bei
Schlechtwetter bringt Vorteile. Neben den weniger vertretenen Lägerplätzen um den

*Schafe finden auf den höchstgelegenen
Almflächen noch ausreichend Futter.*

*Durch die gezielte Beweidung mit Ziegen
kann die Verheidung eingeschränkt werden.*

Hüttenbereich fallen wertvoller Stallmist oder Gülle zur gezielten Düngung der Alm-flächen an.

Vorteile der geordneten Weidewirtschaft
- Das Vieh dient als Weidepfleger.
- Auch weniger schmackhafte Weideflächen werden abgeweidet.
- Eine Übernutzung der Weideflächen mit guter Futterqualität wird verhindert.
- Verheidungs- und Verwaldungstendenzen werden vermindert.
- Das Futterangebot wird optimal ausgenützt.
- Es gibt Ruhezeiten zum Nachwachsen des Futters, denn nichts schadet einer Weide-pflanze mehr als eine ständige Übernutzung.

„Der beste und billigste Weidepfleger ist das Vieh" – wenn vernünftig gekoppelt wird
- Gezielte Beweidung mit Ziegen oder Schafen zur Einschränkung der Verheidung.
- Bekämpfung der Rasenschmiele (Stollwas`n) durch eine Bestoßung mit Pferden.
- Milchkuhweiden sollten einmal im Jahr für kurze Zeit intensiv mit Jungrindern nachbeweidet werden (leichte Überbestoßung).
- Bürstlingrasen sollten möglichst früh mit Rindern oder mit Pferden bestoßen wer-den. Im jungen Zustand wird er vom Vieh gefressen.
- Hochlandrinder nutzen „hartgrasige" Weiden besser als heimische Rassen und kön-nen zum Teil Zwergsträucher und Besenheide zurückdrängen.
- Faustregel zur Weidepflege: Hinter Sieben bis zehn Rindern sollte ein Pferd nachput-zen, oder einem Rind sollten fünf bis sieben Schafe folgen.

> **Durch gut überlegte Weideunterteilung kann man die Weidedauer steigern und einen höheren Ertrag erzielen.**

Vergleich unterschiedlicher Weideformen
In der Praxis gibt es eine Vielzahl unterschiedlicher Weideformen. Die häufigsten sind nachfolgend dargestellt.

Portionsweide[1]	
Vorteile	**Nachteile**
• Das Vieh muß die Flächen gleichmäßig abweiden.	• Hoher Zeitaufwand durch tägliches Zäunen.
• Dem Vieh steht nur der tägliche Futterbedarf zur Verfügung.	• Gefahr der Überweidung durch zu knappe Portionen.
• Beste Futterausnutzung.	• Gefahr der Trittschäden (vor allem bei Schlecht-wetter und langen Rechteckflächen).
• Geringe Verunkrautung.	
• Gleichmäßiges Futterangebot während der gesamten Weideperiode.	
• Geregelte Ruhezeit für den Nachwuchs.	

---

[1] Diese Form der Weideführung wird auf Almen nur selten praktiziert.

Koppel- bzw. Umtriebsweide

Vorteile	Nachteile
• Ausreichendes Futter bis zum Ende der Alpungsperiode (geringere Weideverluste). • Bessere Futterqualität (bessere Verdaulichkeit und höherer Energiegehalt) als auf Standweiden. • Gleichmäßige, intensive Beweidung aller Flächen. • Nur geringe Verunkrautung. • Leichtes und bequemes Zusammentreiben der Tiere. • Geringe Trittschäden.	• Hohe Kosten für die Zaunerrichtung und -erhaltung. • Einrichten von Tränkestellen in allen Schlägen. • Insgesamt höherer Zeitaufwand, der aber durch bessere Weideerträge mehr als wettgemacht wird.

Standweide

Vorteile	Nachteile
• Zäune werden nur an den Almgrenzen und als Schutzzäune für das Vieh benötigt. • Es werden nur wenige Tränkestellen benötigt. • Insgesamt ist der Zeitaufwand geringer als bei der Umtriebsweide.	• Futterüberschuß bei Weidebeginn. • Selektive Beweidung aller Flächen. • Schlechte Futterqualität durch überständiges Futter. • Hohe Energieverluste der Weidetiere bei der Futtersuche. • Häufig wird ab Juli/August das Futter knapp. • Die Flächen neigen zur Verunkrautung. • Die Tiere müssen häufig gesucht werden. • Hoher Vertritt durch lange Futterwege des Weideviehs. • Schwierige Behirtung des Viehs.

Lärchweide und Weide im Baumverbund

Vorteile	Nachteile
• Unter einer lockeren Beschirmung mit Lärchen gedeihen häufig wertvolle Futterpflanzen. • Auf trockenen, sonnigen Hängen wirkt sich eine leichte Beschattung des Unterwuchses durch Lärchen positiv auf die Futterpflanzen aus. • Die Lärchen entnehmen als Tiefwurzler die Nährstoffe aus tiefen Bodenschichten. Hingegen stehen die Nährstoffe der leicht verrottenden Lärchennadeln den Futterpflanzen zur Verfügung. • Dem Vieh steht jederzeit ein Unterstand bei schlechter Witterung oder Hitze zur Verfügung.	• Die Flächen sind maschinell schwer zu pflegen. • Hoher Pflegeaufwand zur Erhaltung (die Fläche muß jährlich von herabfallenden Ästen und keimenden Jungbäumen gesäubert werden).

Waldweide

Vorteile	Nachteile
• Durch die Beweidung mit Rindern werden Wildäsungsflächen geschaffen. • Die Verunkrautung von Jungkulturen kann durch eine extensive Beweidung hintangehalten werden. • Bei Waldweiden, die rund 15 ha Waldweide/GVE bieten („Waldweide neu"), erhöht sich die Biodiversität um rund 200 Arten (FÜRST 1999). • Das Futter wächst im Wald durch die Beschattung langsamer und wird im Vergleich später überständig als auf Reinweiden.	• Das Vieh muß weite Strecken zurücklegen, um genügend Futter aufzunehmen. • Bei zu hoher Bestoßung und zu schweren Tieren treten durch die Beweidung Forstschäden auf. • Das Futter im Wald ist meist von geringer Menge und Qualität.

Behirtung

Die Behirtung und das „Nachschau halten" sind unerläßliche Arbeiten, die auf allen Almen regelmäßig durchgeführt werden müssen. Seit jeher sind die Menschen mit dem Hirtenwesen verbunden. Durch die mangelnden Arbeitskräfte auf den Almen ist die Zahl der Hirten im letzten Jahrhundert jedoch drastisch gesunken, auch haben sich die Arbeitsanforderungen deutlich geändert. War es früher vor allem die Beaufsichtigung des Viehs, die Führung zu den Weideflächen und die Weidepflege, so sind heute neben der Kontrolle des Weideviehs auch die Überprüfung und Reparatur der Zäune sowie eine fallweise Betreuung von Gästen ein wesentlicher Bestandteil der Arbeit.

Nachfolgend wird ein Überblick über die unterschiedlichen Formen der Behirtung gegeben (vgl. BIENERTH 2000, MACHATSCHEK 1998):

Die Behirtung des Viehs als Herde
Bei dieser traditionellen Form der Behirtung wird die Herde gezielt auf die Tagesweiden geführt. Tagsüber und bei Schönwetter geht man in die Steilflächen. Nachts läßt man die Tiere in den flachen Teilen zur Nachtweide oder stallt sie ein. *„Gute Hirten können ohne Zäunung so ‚abhüten', daß eine Alp gut abgefressen und regelmäßig gepflegt wird"* (MACHATSCHEK 1998). Das erfordert ein hohes Maß an Routine und Arbeitseinsatz, da man am Morgen so bald wie möglich beim Vieh sein muß bzw. erst am Abend, nachdem sich die zusammengetriebenen Tiere niedergelegt haben, vom Vieh gehen sollte. Diese Form der Behirtung war ursprünglich weit verbreitet. Durch den Mangel an Almpersonal wurden jedoch viele Almen auf Standweiden umgestellt. Mit den heute zur Verfügung stehenden solarbetriebenen E-Zäunen sollte auf den Almen die gezielte Beweidung jedoch wieder Einzug halten.

Die Behirtung auf Umtriebsweiden
Nach dem Abfressen einer Koppel wird das Vieh vom Hirten jeweils in die nächst höhere Koppel getrieben, bis die obersten Weiden erreicht werden. Gegen Herbst zieht der Hirte mit der Herde wieder talwärts und weidet den zweiten Aufwuchs ab. Falls die Bürstlingsweiden entfernter und höher liegen, so sollten diese Koppeln zuerst beweidet werden.

Behirtung auf Standweiden
Auf gut überschaubaren Almen kann das Vieh im Gelände frei laufen. Bei Durst kann es alleine und unbeschadet zu den Brunnen gelangen. Die Aufgabe des Hirten beschränkt sich auf die tägliche Kontrolle des Viehs. Bei dieser Form der Behirtung sind die Tiere in den Ruhepausen variabel und suchen sich die Weideflächen und Lagerplätze je nach Witterung und Tränkemöglichkeiten frei aus (siehe Kapitel *Koppelwirtschaft*). Durch die gezielte Fütterung mit Viehsalz kann das Vieh auch auf entlegenen Weideflächen konzentriert werden.

Nachschauhalten vom Heimbetrieb
Häufig, vor allem bei reinen Galtviehalmen, wird das Vieh vom Heimbetrieb aus, meist ein- bis zweimal pro Woche, kontrolliert. Voraussetzung ist eine gute Erschließung der

Alm. Bei dieser Methode ist eine kontinuierliche Almpflege nur schwer durchführbar. Auch Verletzungen des Viehs werden unter Umständen nicht sofort erkannt.

VORBEREITUNG DER WEIDETIERE AUF DIE ALM

Die ersten Almwochen sind entscheidend für den Almerfolg. Schlecht vorbereitete Weidetiere erleiden durch die Umstellung Rückschläge und können diese in der Regel nicht mehr aufholen. Robust gehaltene Tiere verkraften Kälte- und Nässerückschläge in den ersten Wochen der Alpung ohne Einbußen. Nicht nur die Gewichtszunahmen sind bei guter Weidevorbereitung höher, sondern auch das Wachstum.

Von den Almtieren wird Weidetüchtigkeit, Marschtüchtigkeit, Eingliederung in den Herdenverband, Vertrautheit zum Menschen, Abhärtung und Gesundheit gefordert (vgl. BRUGGER & WOHLFARTER 1983, SCHWARZELMÜLLER 1989).

In der richtigen Almvorbereitung liegt der halbe Almerfolg!

Tabelle 17: **Vergleich zwischen Zuwachsleistungen mit und ohne Weidevorbereitung**
(Quelle: Versuchsergebnisse der ETH Zürich in BRUGGER & WOHLFARTER 1983)

Tägliche Gewichtszunahmen	
Tägl. Zuwachs ohne Vorbereitung	100%
Tägl. Zuwachs mit Vorbereitung 2 Wochen	238%
Tägl. Zuwachs mit Vorbereitung 4 Wochen	301%
Tägl. Zuwachs mit Vorbereitung 6 Wochen	316%

Die Haltung der Almtiere auf den eher mageren und großflächigeren Heimweiden schafft die notwendigen Voraussetzungen. Hier trainieren die Jungtiere ihr Sozialverhalten im Herdenverband und lernen die Bedeutung der Glocke kennen. Gerade für Tiere, die weniger als ein Jahr alt sind, bedeutet der Weideaufenthalt mit der Wasseraufnahme aus einer Tränke und dem Ausliegen auch während der Nacht eine Fülle von Änderungen, an die sie erst gewöhnt werden müssen. Die Lockrufe des Bauern mit einer „Maulgabe" (Gleck) fördern die Vertrautheit.

Die Abhärtung beginnt schon bei der Einstallung im Herbst. In Lauf- und Außenklimaställen gehaltene Tiere kennen keine Umstellungsschwierigkeit. Konventionell gehaltene Jungtiere verlangen nach niedrig temperierten und gut belüfteten Ställen mit oftmaligem Auslauf, damit sie fit für die Almen sind.

Die Klauenpflege mindestens vier Wochen vor dem Weidebeginn gewährleistet marschtüchtige Tiere. Hutweiden mit vielfältiger Oberflächengestaltung fördern die Tauglichkeit im Gelände.

- Lahmende Tiere auf der Alm hinken in allen Bereichen hinterher!
- Gesunde Tiere stammen aus seuchenfreien Betrieben, sind frei von Ekto- und Endoparasiten (inneren und äußeren Parasiten), frei von Krankheiten und wurden zeitgerecht mit den notwendigen Impfungen versehen (z. B. Rauschbrand).
- Verhaltensauffällige Tiere sollten nicht aufgetrieben werden.
- Für die Kuhalpung sollte die Winterabkalbung angestrebt werden (ideal wäre ein stufenweises Trockenstellen der Milchkühe ab August), da so die Laktationskurve und der Wachstumsverlauf der Vegetation am ehesten übereinstimmen.

WASSER UND TRÄNKEN

Für einen erfolgreichen Almsommer ist ausreichendes Tränkwasser in guter Qualität ebenso wichtig wie die Almweide selbst. Meist wird uns erst in einem trockenen Almsommer bewußt, welchen Wert eine ständig gespeiste Tränke auf der Weide darstellt. Weidende Jungrinder brauchen eine Wassermenge zwischen 20 und 40 Liter/Tag. Ausgewachsene Rinder und Milchkühe brauchen etwa 50 bis 80 Liter. Die Tiere sollten mindestens zweimal pro Tag zu einer Tränke gelangen können. Trinken die Tiere regelmäßig und oft, fressen sie lieber, setzen besser Gewicht an bzw. geben mehr Milch. Aus diesem Grund sollten alle Koppeln mit Tränken ausgestattet sein. Bei Standweiden sollten mehrere Tränken aufgestellt werden, so daß ein weitläufiger Weidegang bis in alle Ecken des Almgebiets möglich ist. So kann das Vieh mehrere Tage auch an den entlegenen Stellen der Alm bleiben und das Futterangebot gut ausnützen (MACHATSCHEK 2002).

Stehende Gewässer sind als Tränke meist ungeeignet.

Altbewährter Holzbrunnentrog.

Montage von Stufentrögen.

Stehendes Wasser, wie Tümpel, Teiche und Seen, liefern nur dann befriedigende Wasserqualität, wenn sie in möglichst festem Grund gebettet sind. Sie sollten abgezäunt und der Zutritt durch Steine und Schotter befestigt sein.

Offene Gerinne, wie Bäche und Gräben, führen nach Gewittern trübes und sandiges Wasser. Das kann zu Sandablagerungen im Pansen führen.

Das **Tränkefaß** stellt eine Alternative auf wasserarmen, aber aufgeschlossenen Weiden dar.

Der **Brunnentrog mit Schwimmerventil** hilft sparsam mit den Vorräten umzugehen.

Stufentröge nutzen das Überwasser und vermeiden Gedränge, da viele Tiere gleichzeitig trinken können.

- Eine ordnungsgemäße Tränkstelle zeichnet sich durch einen abgezäunten Zulauf, einen großen Trog und eine befestigte Stelle beim Zutritt aus.
- Bei Wassermangel können Schneefelder und Dachwässer genutzt werden.
- Von tiefer gelegenen Wasserstellen können mittels Solarpaneel und elektrischer Pumpe entlegene Tränken versorgt werden.

METHODEN ZUR WEIDEPFLEGE UND REVITALISIERUNG DER ALMWEIDEN

Die wesentlichen Methoden zur Durchführung almwirtschaftlicher Maßnahmen sind das Koppelputzen und die Pflegemahd, das Schlägeln, das Zäunen, das Düngen, das Kalken, das Schwenden, das Auflichten und Roden, das Fräsen, die Planie, das Entsteinen und die Übersaat. Der Aufwand der einzelnen Maßnahmen hängt, neben dem Ausmaß der Verheidung und Verwaldung, vom Relief und der Erreichbarkeit der Maßnahmenfläche ab. Aufwand und Kosten der nachfolgend angeführten Maßnahmen sind Schätzwerte, der tatsächliche Aufwand richtet sich nach den lokalen Gegebenheiten.

Koppelputzen und Pflegemahd

Die Pflegemahd ist eine Maßnahme, die zumindest alle zwei Jahre durchgeführt werden sollte. Durch die Mahd werden Unkräuter zurückgedrängt und überständige Gräser und Kräuter entfernt. Die Folgen der selektiven Beweidung werden dadurch vermindert. Die Tabelle 18 gibt einen Überblick über den Aufwand und die Kosten der Pflegemahd.

Traktor mit Mähbalken oder Scheibenmähwerk
Auf gut erreichbaren, nicht zu steilen Reinweideflächen ist das Koppelputzen mit dem Traktor zu empfehlen. Dadurch werden eine Verunkrautung hintangehalten, wertvolle Futtergräser und Futterkräuter gefördert und Zwergsträucher unterdrückt.
Zeitaufwand: Der mittlere Aufwand beträgt 2–3 Stunden/ha.

Motormäher

Der Motormäher ist ein handliches Gerät, das in mehreren Breiten und verschiedenen Leistungsstärken erhältlich ist. Flächen, die mit dem Traktor nur schwer befahrbar sind, können mit einem Motormäher gemäht werden. Er ist leicht zu transportieren, wendig und auch in unregelmäßigem und steilem Gelände einsetzbar.

Zeitaufwand: Der mittlere Aufwand beträgt 3–5 Stunden/ha.

Scheibenmotormäher (Hochgrasmäher)

Der Scheibenmotormäher ist ein handliches Kleingerät mit einer Arbeitsbreite von etwa 60 cm. Er eignet sich besonders zur Nachmahd von Hochstaudenfluren und von Rasenschmielerasen (Stollwas`n). Der Scheibenmotormäher legt die Weidereste in einem Schwad ab. Diese sind so leicht abzutransportieren.

Zeitaufwand: Der mittlere Aufwand beträgt 5 bis 6 Stunden/ha.

Der Scheibenmotormäher eignet sich gut zur Nachmahd von Almweiden.

Sense und Motorsense zur Pflegemahd

Die Sense ist ein altbewährtes Werkzeug zur Mahd sehr steiler Flächen. Sie ist leicht zu transportieren, dadurch können auch entlegene Flächen gepflegt werden.

Ein Nachteil ist, daß das Sensenblatt sehr empfindlich gegen Steine und Wurzelstöcke ist. Die Motorsense ist leichter zu warten und weniger empfindlich.

Zeitaufwand: Hier wird der Aufwand für die Pflegemahd angenommen. Für eine vollflächige Mahd liegt der Aufwand deutlich darüber. Zusätzlich zum Aufwand des Mähens muß auch der Aufwand des Dengelns und des Wetzens der Sense kalkuliert werden. Der mittlere Aufwand beträgt 14–17 Stunden/ha.

Die Sense eignet sich für Flächen, die nicht stark versteint sind.

Tabelle 18: **Zeitaufwand und Kosten für die Pflegemahd** *(Stand 2002)*

Methode	Zeitaufwand/ha in Stunden	Kosten in Euro (exkl. UST)
Traktor		Richtwert: Allradtraktor (40 kW), Traktormähwerk (165 cm) und Arbeitszeit (insgesamt rund 29 Euro/Stunde)
Geringer Aufwand • ebenes, gleichmäßiges Gelände • nicht versteint	1 bis 1,5	29,-- bis 44,--
Mittlerer Aufwand • mäßig steiles Gelände • ein wenig uneben	2 bis 3	58,-- bis 87,--
Hoher Aufwand • steiles, unebenes Gelände	4 bis 6	116,-- bis 174,--
Motormäher		Richtwert: Motormäher (6 kW) und Arbeitszeit (insgesamt rund 23 Euro/Stunde)
Geringer Aufwand	1,5 bis 3	35,-- bis 69,--
Mittlerer Aufwand	4 bis 5	92,-- bis 115,--
Hoher Aufwand	6 bis 7	138,-- bis 161,--
Scheibenmotormäher		Scheibenmotormäher (Schnittbreite 1,3 m) und Arbeitszeit (insgesamt rund 20 Euro/Stunde)
Geringer Aufwand	3 bis 4	60,-- bis 80,--
Mittlerer Aufwand	5 bis 6	100,-- bis 120,--
Hoher Aufwand	7 bis 8	140,-- bis 160,--
Sense, Motorsense		Richtwert: Motorsense (0,7 kW) und Arbeitszeit (rund 10 Euro/Stunde)
Geringer Aufwand • Ampfer, leichtes Unkraut	10 bis 12	100,-- bis 120,--
Mittlerer Aufwand • welliges Gelände • stark verunkrautet	14 bis 17	140,-- bis 170,--
Hoher Aufwand • mit Disteln, Binsen, Germer massiv verunkrautete Flächen	20 bis 33	200,-- bis 330,--

Schlägeln

Beim Schlägeln werden bei trockener Witterung die zerkleinerten Weidereste in die Weidenarbe eingemulcht, so wird der Nährstoffkreislauf belebt (vgl. GERHOLD 1999).

Das Schlägeln ist eine Maßnahme, bei der die Vegetation mittels rotierender Stahlschlägel zerschlagen wird. Diese Maßnahme kann jederzeit durchgeführt werden, sofern die Witterungsverhältnisse passen. Je nach Bewuchs muß die Fläche einmal oder mehrmals geschlägelt werden. Das Schlägeln von Zwergstrauchbeständen ist als Erstmaßnahme zu sehen. Ergänzende Maßnahmen, wie Übersaat, Düngen und Kalken, tragen dazu bei, daß der Klee- und Futtergrasanteil langfristig erhöht wird. Bei dichten Rasenschmielebeständen (Stollwas'n) kann der Aufwand wesentlich höher sein. Hier ist eine jährliche Wiederholung des Schlägelns empfehlenswert. Auch als Weidepflege, um eine Verunkrautung zu verhindern und das Aufkommen von Gehölzen zu bremsen, ist das Schlägeln eine erfolgreiche Maßnahme. Sie soll entweder jährlich oder im 2-Jahres-Rhythmus durchgeführt werden.

Die Tabelle 19 gibt einen Überblick über den Aufwand und die Kosten der verschiedenen Schlägelmethoden.

*Tabelle 19: **Zeitaufwand und Kosten für das Schlägeln***

Methode	Leistung Ar/Stunde	Aufwand Stunde/ha	Kosten in Euro (exkl. UST)
Mähtrak mit Schlägelmulch-Balken			(Richtwert: 50 – 80 Euro/h)
Geringer Aufwand • günstige Bedingungen • wenig Steine	25 bis 20	4 bis 5	200,-- bis 400,--
Mittlerer Aufwand • mittlere Bedingungen • stark verheidete Fläche • leicht befahrbar	17 bis 10	6 bis 10	300,-- bis 500,--
Hoher Aufwand • schlechte Bedingungen, sehr steil • dichte Rasenschmielehorste • kuppiertes Gelände • sehr stark verheidet	9 bis 6	11 bis 16	550,-- bis 1.300,--
Sehr hoher Aufwand • dichtes, hohes Zwergstrauchgebüsch • die Fläche muß mehrmals von verschiedenen Seiten angefahren werden	6 bis 4	16 bis 24	800,-- bis 1.900,--
Motormäher mit Schlägelmulch-Balken			Richtwert: Motormäher (6,6 kW), Schlägelbalken (120 cm) und Arbeitszeit (rund 32 Euro/Stunde)
Geringer Aufwand	10 bis 12	8 bis 10	260,-- bis 320,--
Mittlerer Aufwand	7 bis 8	12 bis 14	380,-- bis 450,--
Hoher Aufwand	4 bis 5	20 bis 25	640,-- bis 800,--

Mit dem Mähtrak können wenig kuppierte Flächen sehr wirtschaftlich geschlägelt werden.

Stärker kuppierte Flächen können mit einem Motormäher mit Schlägelmulchbalken geschlägelt werden.

Weidereste mit samenreifen Unkräutern sollten nicht geschlägelt werden! Es besteht die Gefahr einer sprunghaften Verbreitung von Unkräutern.

Mähtrak mit Schlägelmulch-Balken

Diese Form des Schlägelns ist sehr effizient auf Flächen, die nicht stark kuppiert sind. Der Schlägelmulcher ist bis zu einer Hangneigung von 50 bis 60% einsetzbar. Geschlägelt wird dabei möglichst parallel zum Hang. Optimal einsetzbar sind diese Geräte auf steinfreien Flächen mit Zwergstrauchheiden (vor allem bei Schwarzbeere und Wacholder), Bürstlingrasen und Rasenschmielebeständen.

Zeitaufwand: Der mittlere Aufwand liegt bei 6 bis 10 Stunden/ha (in Sonderfällen bis 24 Stunden/ha).

Motormäher mit Schlägelmulch-Balken

Im Gegensatz zum Traktor mit Schlägelmulcher ist dieses Gerät auch im stärker kuppierten Gelände einsetzbar. Der Motormäher mit Schlägelmulch-Balken hat eine Arbeitsbreite von 85 cm und eine Leistung von 7–8 kW.

Zeitaufwand: Der mittlere Aufwand liegt bei 12 bis 14 Stunden/ha.

Zäunen

Die Zaunerhaltung bzw. Zaunerrichtung ist zeit- und kostenintensiv. Um das Zäunen möglichst effizient zu gestalten, wird folgende Vorgangsweise empfohlen:

- Errichtung von fixen Zäunen an den Außengrenzen der Alm und zur Unterteilung in mehrere fixe Koppeln.
- Teilung der Alm in mehrere Koppeln mit variablen Elektrozäunen.

Die Tabelle 20 auf der nächsten Seite gibt einen Überblick über den Aufwand und die Kosten der verschiedenen Koppelmethoden.

Elektrozaun

Elektrozäune eignen sich zur Errichtung von Fixzäunen und für variable Zäune.

Fixe Elektrozäune: Rund alle 10 bis 15 m wird ein Lärchenstempel gesetzt. Als Draht wird ein verzinkter Stahldraht verwendet. Dieser wird mit Klappisolatoren befestigt. Der Zaun wird einfach bespannt, nur kritische Stellen werden doppelt bespannt.

Variable Elektrozäune: Sie eignen sich zur Unterteilung der Weide in mehrere Koppeln. Am Markt sind verschiedene Systeme erhältlich. Dabei wird auf mobile Stahl- oder Kunststoffpfähle ein Weidezaunband (oder Weidezaunseil bzw. Weidezaundraht) befestigt, das meist von einer Solarzelle mit Strom versorgt wird. Der Pfahlabstand beträgt zwischen 3 und

Elektrozäune eignen sich auch als fest verankerte Außenbegrenzung von Almweiden.

12 m. Mit diesem System kann der Zaun leicht auf- und wieder abgebaut werden. Eine sehr preisgünstige und praktische Methode ist ein Schnellhager bei dem ein einfaches Elektro- oder Isolierrohr als Zaunpfahl verwendet wird. Dieses wird auf eine Länge von 1 bis 1,2 Meter am unteren Ende schräg abgeschnitten. Die fingerdicken Kunststoffrohre isolieren gleichzeitig gegen den Boden, daher sind keine Zusatzeinrichtungen, wie Stromisolatoren, notwendig. Ein mit Feindraht versehenes Plastikband als Zaun wird mit einem speziellen Knoten („Seemannsknoten", „Mastwurf") daran befestigt (vgl. MACHATSCHEK 1999).

Stacheldrahtzaun

Der Stacheldrahtzaun eignet sich zur Errichtung von Fixzäunen an den Außengrenzen der Alm als Schutzzaun sowie zur Unterteilung der Alm in mehrere fixe Koppeln. Bei Stacheldrahtzäunen kommt es jedoch immer wieder zu Verletzungen der Weidetiere und des Wildes. Der Pfahlabstand beträgt bei Stacheldrahtzäunen 3 bis 5 Meter.

Elektrozäune können optimal mit elektrischen Weideschranken kombiniert werden. Dadurch wird das Öffnen und Schließen von Weideschranken überflüssig!

Holzzäune

Ihre Errichtung und Erhaltung ist sehr arbeitsaufwendig. Wird nur mehr vereinzelt als traditionelles Element der Kulturlandschaft verwendet.

Tabelle 20: **Zeitaufwand und Kosten für die Koppelarbeit**
(siehe Gallager 2002 und AKO-Systemzäune 2002)

Methode	Aufwand/100 lfm	Kosten in Euro/100 lfm (exkl. UST)
Elektrozaun		
Lärchenholzpfahl	Zaunpfahl: 2,50 Euro/Pfahl, 10 bis 13 Stipfel/100 lfm	25,-- bis 40,--
Zaun (Bespannung)	Doppelt bespannt (200 lfm, 2,5 mm im Durchmesser)	15,-- bis 25,--
Sonstiges Material	Isolatoren, Drahtspanner, Drahtklemmen, Stahlspannfedern, U-Kabel	15,-- bis 25,--
Gesamtkosten		**55,-- bis 90,--** **(exklusive Batterie/Solaranlage)**
Die Investitionskosten für die Elektrik hängen vom Vorhandensein eines Anschlusses ab. Mobile Solargeräte (12V) mit Solarmodul kosten rund 800,-- €		
Stacheldrahtzaun		
Lärchenholzpfahl	Zaunpfahl: 2,50 Euro/Pfahl, 10 bis 13 Stipfel/100 lfm	50,-- bis 60,--
Zaun (Bespannung)	Doppelt bespannt (200 lfm)	30,-- bis 40,--
	Dreifach bespannt (300 lfm)	45,-- bis 55,--
Gesamtkosten		**80,-- bis 120,--**

Düngen

Der Großteil der Almflächen wird durch zufällig abgelegte Exkremente der Weidetiere gedüngt. Unter bestimmten Voraussetzungen ist die zusätzliche Düngung mit betriebseigenem Mist, auf der Alm gesammelter Gülle, organischen Abfallprodukten oder Phosphor-Düngern eine wertvolle Maßnahme zur Verbesserung der Almweiden. Die Düngung der Almböden erfordert jedoch große Sorgfalt. Eine vorsichtige Düngung mit gut verrottetem Stallmist ist jedem Mineraldünger überlegen (vgl. BOHNER, 1994, GALLER 2000, GALLER 1998, EGGER & AIGNER 1998, ORTNER 1988, DIETL 1979, BUCHGRABER et al. 1994).

Auf sehr sauren Böden ist eine einseitige Kali-betonte Düngung nicht ratsam, da dadurch die Kalzium- und Magnesiumaufnahme der Pflanzen gehemmt wird. Auf solchen Gebirgsböden empfiehlt sich eine Frühjahrsdüngung in Kombination mit magnesiumhaltigem Kalk und Rohphosphaten (z. B. Hyperphosphat oder Dolophos).

Der mit Abstand beste Dünger für die extensiven Almböden ist jedoch gut verrotteter Stallmist bzw. Kompost (BOHNER 1998).

Meliorationsdüngung: Durch den gezielten Einsatz von Dünger kann auf mageren und ausgehagerten Weidebeständen, neben einer Ertragssteigerung durch die Verbesserung der Pflanzenbestände, vor allem eine Qualitätsverbesserung des Aufwuchses erzielt werden. Auch die Verheidung der Almen kann durch eine sachgemäße Düngung mittel- und langfristig eingeschränkt werden. Daher empfiehlt sich Düngen als

Begleitmaßnahme nach dem Schwenden von Zwergsträuchern, gemeinsam mit einer Übersaat von standortangepaßtem Saatgut. So wird der Abbau der Rohhumusschicht beschleunigt und die Bildung einer geschlossenen Grasnarbe gefördert.

Ertragsteigernde Düngung: Eine erfolgreiche Verbesserung und Anhebung des Ertragspotentials von Almweiden ist nur möglich, wenn man sich auf die produktivsten Flächen beschränkt. Verbesserungswürdig sind vor allem Fettweiden mit hohem Anteil an Magerzeigern und Magerweiden, in denen gute Futterpflanzen gedeihen. Bei der Düngung ist auf die bestmögliche Verteilung zu achten.

> **Almflächen mit naturschutzfachlich wertvollen Pflanzenbeständen,**
> **wie z. B. Kalkmagerweiden und Moore, sollten nicht gedüngt werden!**

> **Achtung!**
> Mit steigender Seehöhe nimmt die Wirtschaftlichkeit der Dünger ab. Standorte in der oberen subalpinen Stufe und der alpinen Höhenstufe sollten daher nicht mehr gedüngt werden. Die begrenzenden Faktoren für das Pflanzenwachstum sind hier meist nicht der Nährstoffmangel, sondern die extremen klimatischen Bedingungen.

Düngemittel auf Almweiden: Auf Almweiden dürfen ÖPUL-Teilnehmer nur Düngemittel gemäß der EU-Verordnung über den ökologischen Landbau (Verordnung der EWG Nr. 2092/91, Anhang 2) verwenden.

Nachfolgend ist eine Auswahl von auf Almen erlaubten Düngemitteln angeführt (Stand 2003) (EGGER 2002):

Organische Düngemittel: z. B. Biosol, almeigener Mist, Jauche und Gülle sowie Mist und Jauche vom Heimbetrieb

Phosphatdünger (im ÖPUL 2000, jedoch nur nach vorangegangener Bodenuntersuchung): z. B. Hyperkorn, Hyperphosphat, Dolophos 15, Thomaskorn, DC-Naturphosphat

Kalidünger: z. B. Patentkali, Schwefelsaures Kali

Kalkdünger: z. B. Kohlensaurer Magnesiumkalk, Dolo 40, Kohlensaurer Kalk

Phosphat-Kali-Dünger: z. B. Thomas-Kali, Hyper-Kali

Bei Biobetrieben sind generell die Bestimmungen der einzelnen Verbände zu beachten!

> **Generell ist vor der Anwendung von Mineraldüngern**
> **eine Bodenuntersuchung zu empfehlen!**

> **Düngen ist nur sinnvoll, wenn der Ertrag rechtzeitig genutzt**
> **und die Fläche gleichmäßig abgeweidet wird.**

*Tabelle 21: **Düngermengen, Düngerkosten und Ausbringungskosten auf Almflächen/ha***

Düngemittel	Aufwand kg bzw. t/ha	Zeitaufwand in Stunden/ha	Düngerkosten Euro/ha; exkl. UST	Maschinelle Ausbringung/ha (in Euro, exkl. UST)
Organische Dünger				Ausbringungskosten (Motorkarren mit Seitenstreuwerk; 2,3 t Nutzlast bzw. 2,5 m³ Güllefaß und Arbeitszeit) 65 Euro bzw. 59 Euro/ha
Rottemist	10 bis 15 Tonnen/ha	2 bis 3	80,-- bis 120,--	130,-- bis 195,--
Stallmist	10 bis 15 Tonnen/ha	2 bis 3	70,-- bis 105,--	130,-- bis 195,--
Gülle/Jauche	10 bis 15 m³/ha	1 bis 2	50,-- bis 75,--	59,-- bis 118,--
Biokompost	10 Tonnen/ha	1 bis 2	60,-- bis 100,--	65,-- bis 130,--
Biosol	Menge: 1.200 – 1.500 kg/ha Preis/kg: 0,3 Euro	0,5 bis 1	396,-- bis 495,--	33,-- bis 65,--
Kalkreicher Phosphordünger (PK-Dünger)	Menge: 200 kg/ha Preis/kg: 0,20 Euro	0,5 bis 1	40,--	33,-- bis 65,--

Auf Fettweiden, die gut im Ertrag stehen, könnten diese Düngermengen zusätzlich ausgebracht werden, auf Magerweiden und ertragsschwächeren Flächen sollte alle zwei bis drei Jahre diese Nährstoffversorgung erfolgen.

Die Güllewirtschaft wird auf den Almen nicht so gerne gesehen. Mit den neuen Ausbringungstechniken, die auch auf unwegsamem Gelände über Stichwege eine gute Verteilung zulassen, können kleine Mengen (10 bis 15 m³/ha) optimal auch im Sommer ausgebracht werden, während die Mistausbringung (Ausnahme Kompost) nur im Herbst oder im Frühjahr möglich ist.

Wichtig ist für die Düngung der Almflächen, daß auch hier das Prinzip der Kreislaufwirtschaft eingehalten wird. Es sollten keine großen Mengen an Grund- beziehungsweise Kraftfutter oder Dünger von den Heimbetrieben eingebracht werden.
Ertragreiche Flächen sollten entsprechend mehr Dünger erhalten als ertragschwache Flächen.

Die Almflächen sind in der Regel extensive und sensible Böden, die keine Überdüngung vertragen!

Kalken und Ausbringen von Gesteinsmehl

Kalk hat nicht nur als Pflanzennährstoff, sondern auch als pH-Regulator eine hohe Bedeutung. So trägt die Anwendung von magnesiumreichen Kalkdüngern zur Melioration saurer Almböden bei. Durch die Zugabe von Kalk auf Böden mit pH-Werten unter 5,0 kann dieser wieder angehoben werden, wodurch die organische Masse schneller abgebaut wird. Den Pflanzen stehen dadurch mehr Nährstoffe zur Verfügung, zumal der in der organischen Masse gebundene Stickstoff wieder verfügbar wird. Um den pH-Wert jedoch deutlich anzuheben, sind sehr große Mengen an Kalk erforderlich. Voraussetzung für die Kalkung ist die maschinelle Erreichbarkeit der Fläche.

Weiters können durch Kalkung eines silikatischen Bodens kalkfliehende Planzen, wie z. B. das Borstgras *(Nardus stricta)* und die Rostblättrige Alpenrose *(Rhododendron ferrugineum)*, zurückgedrängt werden. Extrem saure Magerrasen weisen eine besonders ungünstige Stoffzusammensetzung auf. Die Verbesserung ist sehr aufwendig und meist nicht zielführend.

Meist ist es zweckmäßig, die Bestände im Frühjahr mit magnesiumhaltigem Kalk zu behandeln, um eine oberflächliche Abschwemmung zu verhindern. Durch die Versorgung der Flächen mit Wirtschaftsdünger und besonders mit Biokompost bekommen die Flächen mehr als nur den Kalziumentzug wieder zugeführt.

Durch die Zuführung von **Gesteinsmehl** kann der Boden mit Mineralstoffen und Spurenelementen verbessert werden, sofern dies notwendig ist. Eine nennenswerte Auswirkung auf den pH-Wert des Bodens ist nicht zu erwarten, es sei denn, daß diesen Produkten gezielt basisch wirksames Kalk- oder Dolomitgesteinsmehl in größeren Mengen zugesetzt wird (BOHNER et al. 2002).

Tabelle 22: Düngemengen, Kosten der Kalkdünger und deren Ausbringung auf den Almflächen

Düngemittel	Menge	Zeitaufwand in Stunden/ha	Kosten Euro/ha (exkl. UST)	Ausbringungskosten (Motorkarren mit Seitenstreuwerk) 66 Euro/ha; exkl. UST
Kalk (Dolomit, Kohlensaurer Kalk)	Menge: rund 1 Tonne/ha (alle drei Jahre) (rund 0,07 Euro/kg, gesackt)	1 bis 2	70,--	66,-- bis 132,--
Gesteinsmehl	Menge: 3 bis 5 Tonnen/ha (rund 0,09 Euro/kg)	1 bis 2	270,-- bis 450,--	66,-- bis 132,--

Schwenden

Schwenden ist das Beseitigen von holzigen Pflanzen auf Weideflächen. Geschwendet werden vor allem Zwergsträucher, Krummholz (Latschen und Grünerlen), junge Fichten und Lärchen. Die wirtschaftlich sinnvollsten Methoden sind das Schwenden mit dem Freischneider bei Zwergsträuchern und Gehölzen mit geringen Stammdurchmessern und das Schwenden mit der Motorsäge bei Krummholzbeständen und Jungwuchs mit größeren Stammdurchmessern. Die Tabellen 23, 24 und 25 geben einen Überblick über den Zeitaufwand und die Kosten der Schwendmethoden.

Der Aufwand hängt neben der Überschirmung von vielen anderen Faktoren ab. Sind junge Bäume z. B. stark verbissen, weisen sie häufig einen dichten, buschigen Wuchs auf. Bei diesen Bäumen muß man sich mit der Motorsäge mühsam bis zum Stamm vorarbeiten. Ein wesentlicher Faktor ist auch die Anmarschzeit. Die Gehzeit, mitunter steil bergauf – mit Motorsäge und Benzin am Rücken –, kann einen beträchtlichen Teil der Tagesarbeitszeit betragen.

Freischneider (Motorsense)

Freischneider sind sehr starke, robust gebaute Motorsensen. Ihr Einsatzbereich geht von der Dickungspflege im Wirtschaftswald über die Weidepflege bis zum Schwenden von Zwergsträuchern auf Almen.

Der Freischneider eignet sich vor allem zum Schwenden von höherwüchsigen Zwergsträuchern, wie Almrausch, Heidelbeere oder Wacholder (vgl. BERGLER et al. 2001; ZÖSCHER 2001).

Der Freischneider kann mit verschiedenen Aufsätzen verwendet werden:

Dickungsmesser: Mit dem dreiflügeligen Dickungsmesser können Gehölze mit einem Durchmesser bis zu 3 cm geschwendet werden.

Sägeblatt: Wird als Aufsatz ein Sägeblatt gewählt, können Gehölze mit einem Durchmesser bis zu 10 cm abgeschnitten werden. Das betrifft vor allem junge Bäume und Stockausschläge von Grünerlen und Latschen.

Grasmesser: Mit dem Grasmesser werden Geilstellen und krautiger Wuchs („Plotschen") sauber geschnitten, jedoch keine Gehölze.

Fasswald-Mähscheibe: Die Fasswald-Mähscheibe mit ihren beweglichen und austauschbaren Klingen arbeitet ähnlich einem Scheibenmähwerk und ist bei guter Motorleistung auch im Heidekraut sehr leistungsfähig. Bei Geräten mit flexibler Antriebswelle darf die Fasswald-Mähscheibe wegen der erhöhten Rückschlaggefahr nicht verwendet werden.

Als Ausrüstung sind ein Spritzschutz, ein Stützteller gegen Bodenkontakt, ein Tragegurt, Gesichts- und Gehörschutz, Handschuhe und feste Schuhe erforderlich. Moderne Geräte sind am Rücken tragbar und werden über eine biegsame Welle angetrieben. Diese Geräte belasten den Körper gleichmäßig und zeichnen sich durch einen hohen Bedienungskomfort aus.

Zeitaufwand: Der mittlere Aufwand liegt je nach Bestockung, Stärke der Zwergsträucher und Motorausstattung zwischen 20 und 30 Stunden/ha.

- Die Schneidwerkzeuge dürfen wegen der Rückschlaggefahr nie im Bereich des rechten oberen Viertels (wie bei einer Uhr zwischen 12 und 3) angesetzt werden.
- Sicherheitsabstände einhalten.
- In der Schichtlinie und nur mit vollständiger Schutzausrüstung arbeiten.

Schwendsense

Die Schwendsense ist eine Sense mit einem kurzen, starken Sensenblatt, wie zum Beispiel die Almrauschsense („Staudenbüffel"). Die Arbeit mit der Schwendsense erfordert hohen körperlichen Einsatz. Sie eignet sich nur bei geringer Verheidung. Diese Methode ist sehr aufwendig und kann mit dem Freischneider weder hinsichtlich des Zeit- und Kostenaufwands noch im Bedienungskomfort mithalten, wird jedoch der Vollständigkeit halber erwähnt. Gut geeignet ist die Schwendsense zur Bekämpfung der Rasenschmiele. Vergleichbare Geräte sind Haumesser oder Sensenaxt (eine Kombination aus Sense und Axt).

Zeitaufwand: Mit der Schwendsense braucht man mindestens dreimal so lange wie mit dem Freischneider.

Motorsäge

Mit der Motorsäge werden vor allem Krummholz und junge Bäume geschwendet. Der Zeitaufwand hängt auch von der Erreichbarkeit der Fläche ab, da Motorsäge, Öl und Benzin zur Fläche transportiert werden müssen.

Zeitaufwand: Der mittlere Aufwand liegt zwischen 30 und 80 Stunden/ha. Für das Räumen der Fläche muß nochmals 150% der reinen Schwendzeit kalkuliert werden.

Schwendtage

Folgende Tage eignen sich nach regionalen Überlieferungen besonders zum Schwenden von Gehölzen und zur Unkrautbekämpfung (Bauernregeln):

- Die letzten drei Tage im Februar bei abnehmendem Mond
- Generell bei abnehmendem Mond
- 4. April
- 18. bis 22. Juni
- 30. Juli
- 15. August
- 8. September
- Grünerlen: generell im Sternzeichen des Krebs oder bei Vollmond Anfang August

Regeln für das Verbrennen von Schwendgut

- Das Verbrennen von Schwendgut muß bei der zuständigen Feuerwehr und der Gemeinde gemeldet werden.
- Die gesetzlichen Bestimmungen müssen eingehalten werden (siehe Kapitel *Gesetzliche Grundlagen*).
- Das Verbrennen ist nur bei geeigneter Witterung (kein Wind, die Schwendhäufen sollten trocken, der Boden jedoch frisch sein) sinnvoll.
- Es ist besser, mehrere kleine, eher längliche Haufen abzuheizen als einzelne sehr große.
- Der Haufen brennt gleichmäßiger ab, wenn er an mehreren Seiten gleichzeitig angezündet wird.
- Ein wertvoller Brandschutz ist ein Schneering rund um den Schwendhaufen.
- Nicht vollständig verbranntes Holz sollte ein zweites Mal angezündet werden.
- Große Brandstellen müssen mit standortangepaßtem Saatgut eingesät werden.
- Gehölze, die reich an ätherischen Ölen sind (Wacholder, Latsche), brennen in frischem Zustand am besten.

Tabelle 23: **Arbeitsleistung, Zeitaufwand und Kosten beim Schwenden von Zwerg-sträuchern** *(Alpenrose, Heidelbeere, Wacholder, Besenheide)*

Schwenden mit dem Freischneider (Motorsense)	Arbeitsleistung in ar/Stunde	Zeitaufwand in Stunde/ha	Arbeits- und Maschinenkosten (in Euro/ha; exkl. UST)
Geringer Aufwand (leicht verheidete Fläche, 10 bis 30% Flächendeckung)			Richtwert: Freischneider (2,5 kW) und Arbeitszeit (rund 11,5 Euro/Stunde)
Schwenden	5 bis 6	15 bis 20	170,-- bis 230,--
Räumen und aufheizen	3 bis 5	20 bis 30	180,-- bis 270,--
Summe	3 bis	35 bis 50	350,-- bis 500,--
Mittlerer Aufwand (30 bis 60% Flächendeckung)			
Schwenden	4 bis 5	20 bis 30	230,-- bis 345,--
Räumen und aufheizen	2 bis 3	30 bis 45	270,-- bis 405,--
Summe	1 bis 2	50 bis 75	500,-- bis 750,--
hoher Aufwand, stark verheidete Fläche (> 60% Flächendeckung)			
Schwenden	2 bis 3	30 bis 40	345,-- bis 460,--
Räumen und aufheizen	1 bis 2	45 bis 60	405,-- bis- 540,--
Summe	1 bis 1,5	75 bis 100	750,-- bis 1.000,--

Tabelle 24: **Arbeitsleistung, Zeitaufwand und Kosten beim Schwenden von Krumm-holz** *(Latsche, Grünerle)*

Schwenden mit der Motorsäge	Arbeitsleistung in ar/Stunde	Zeitaufwand in Stunde/ha	Arbeits- und Maschinenkosten (in Euro/ha; exkl. UST)
Geringer Aufwand (leicht verwachsene Fläche, 10 bis 30% Flächendeckung)			Richtwert: Motorsäge (3,5 kW) und Arbeitsleistung (rund 12,3 Euro/Stunde)
Schwenden	3 bis 10	10 bis 30	120,-- bis 370,--
Räumen und aufheizen	2 bis 7	15 bis 45	135,-- bis 405,--
Summe	1 bis 4	25 bis 75	255,-- bis 775,--
Mittlerer Aufwand (30 bis 60% Flächendeckung)			
Schwenden	2 bis 3	30 bis 60	370,-- bis 740,--
Räumen und aufheizen	1 bis 2	45 bis 90	405,-- bis 810,--
Summe	0,5 bis 1	75 bis 150	775,--bis 1.550,--
hoher Aufwand, stark verwachsene Fläche (> 60% Flächendeckung)			
Schwenden	1 bis 2	60 bis 100	740,-- bis 1.230,--
Räumen und aufheizen	0,5 bis 1	90 bis 150	810,-- bis 1.350,--
Summe	0,5	150 bis 250	1.550,-- bis 2.580,--

Tabelle 25: **Arbeitsleistung, Zeitaufwand und Kosten für das Schwenden von Jung-**
bäumen (Fichte, Lärche). Die Kosten beschränken sich auf die Arbeitszeit und die
Räumungszeiten. Anfallende Traktorstunden sind nicht berücksichtigt.

Schwenden mit der Motorsäge	Arbeitsleistung in ar/Stunde	Zeitaufwand in Stunde/ha	Arbeits- und Maschinenkosten (in Euro/ha; exkl. UST)
Geringer Aufwand (leicht verwaldete Fläche, 10 bis 30% Flächendeckung, kleine Bäume)			Richtwert: Motorsäge (3,5 kW) und Arbeitsleistung (rund 12,3 Euro/Stunde)
Schwenden	2 bis 10	10 bis 40	123,-- bis 492,--
Räumen und aufheizen	2 bis 7	15 bis 60	135,-- bis 540,--
Summe	1 bis 400	25 bis 100	258,-- bis 1.032,--
Mittlerer Aufwand (30 bis 60% Flächendeckung)			
Schwenden	1 bis 3	40 bis 80	492,-- bis 985,--
Räumen und aufheizen	1 bis 2	60 bis 120	540,-- bis 1.080,--
Summe	0,5 bis 1	100 bis 200	1.032,-- bis 2.065,--
hoher Aufwand, stark verwaldete Fläche (> 60% Flächendeckung, dicht beastete, stark verwachsene Bäume)			
Schwenden	1 bis 1,5	80 bis 110	985,-- bis 1.355,--
Räumen und aufheizen	0,5 bis 1	120 bis 160	1.080,-- bis 1.440,--
Summe	< 0,5	200 bis 270	2.065,-- bis 2.795,--

Der Freischneider eignet sich zum Schwen-
den von Zwergsträuchern und Krummholz.

Auflichten und Roden

In diesem Kapitel werden die Maßnahmen zur Entfernung von großen Bäumen (Wald mittleren Alters) beschrieben. Zur Entfernung der Wurzelstöcke werden die Flächen entweder gefräst (siehe Kapitel *Fräsen*) oder mit dem Bagger ausgegraben (siehe Kapitel *Planie*). Die Tabelle 26 gibt einen Überblick über den Zeitaufwand und die Kosten der unterschiedlichen Methoden. Die Kosten für das Räumen der Fläche variieren stark. Sie hängen vom Grad der Bestockung und von der Beastung ab. Sie entsprechen in etwa dem Aufwand des Räumens von Jungwald-Schwendflächen.

Konventionell mit Motorsäge und Traktor
Meist werden die Flächen mit der Motorsäge gerodet. Die Stämme werden z. B. mit der Seilwinde auf die Wege gebracht und von dort abtransportiert. Ein Hebeschleifzug schont die Weidenarbe und den Boden am meisten. Sie ist der Rodung mittels Harvester vorzuziehen. Das Räumen der Fläche erfolgt händisch oder mit Traktor und Seilwinde beziehungsweise mit einem kleinen Bagger.
Zeitaufwand: Die Schätzung des Aufwandes geschieht anhand des Holzabmaßes.

Harvester
Der Einsatz eines Harvester eignet sich nur auf gut zugänglichen Flächen. Die Leistung des Harvesters hängt von der Hangneigung und vom Relief ab. Entscheidend ist, das passende Gerät für den jeweiligen Bestand und für die lokalen Gegebenheiten zu verwenden. Neben den Radfahrzeugen gibt es speziell für den Steilhang konzipierte Raupenharvester (SPITZER & FAUSTMANN 2001). Für das Räumen der Fläche wird der Forwarder, ein kleiner Bagger oder ein Traktor verwendet.
Zeitaufwand: Die Schätzung des Aufwandes geschieht anhand des Holzabmaßes.

*Tabelle 26: **Arbeitsleistung und Kosten bei der Auflichtung und Rodung von Waldbeständen*** (vgl. SPITZER & FAUSTMANN 2001)

Methode	Aufwand Festmeter/Std.	Kosten Euro/Festmeter; exkl. UST
Motorsäge		
Fällung und Aufarbeitung	rund 13 Euro/Std. (inkl. Motorsäge, rund 0,5 bis 1 fm/Std.)	13,-- bis 26,--
Rückung (Traktor und Seilwinde)	40 Euro/Std., rund 3 bis 4 fm/Std.	10,-- bis 13,--
Gesamtkosten/Festmeter		**23,-- bis 39,--**
Harvester		
Fällung und Aufarbeitung	Kosten: rund 80 bis 120 Euro/Std. Leistung: 6 bis 8 fm/Std.	13,-- bis 15,--
Rückung (Forwarder)	rund 75 Euro/Std.	6,-- bis 8,--
Gesamtkosten/Festmeter		**19,-- bis 23,--**

Fräsen

Beim Fräsen wird die gesamte Vegetation, einschließlich des Oberbodens bis in eine Tiefe von 5 bis 20 cm, zerkleinert. Da die Grasnarbe dabei vollständig zerstört wird, ist unbedingt eine Einsaat mit standortangepaßtem Saatgut erforderlich. Diese Maßnahme sollte nicht auf steilen (> 20% Hangneigung), erosionsgefährdeten Flächen sowie auf flachgründigen Standorten durchgeführt werden.

Die Tabelle 27 gibt einen Überblick über den Zeitaufwand und die Kosten des Fräsens.

Tabelle 27: **Zeitaufwand und Kosten für das Fräsen**

Methode	Aufwand (Stunden/ha)	Arbeits- und Maschinenkosten in Euro/ha (exkl. UST)
Forstmulcher		Richtpreis: 180 Euro/Stunde, zusätzlich rund 140 Euro für die Überstellung
Geringer Aufwand • ebenes Gelände • Fräsen von Zwergsträuchern und Rasenschmiele	2,5 bis 4 Stunden/ha	450,-- bis 720,--
Mittlerer Aufwand • Zwergsträucher und Rasenschmielerasen in steilem Gelände (bis 20% Neigung) • Gerodete Waldfläche bei ebenem Gelände	8 bis 10 Stunden/ha	1.440,-- bis 1.800,--
Hoher Aufwand • gerodete Waldfläche in steilem Gelände • unebenes und steiles Gelände	11 bis 14 Stunden/ha	1.980,-- bis 2.500,--

- Es dürfen nur Standorte mit tiefgründigem Boden und geringer Neigung gefräst werden.
- Die Standorte dürfen nicht erosionsgefährdet sein.
- Es muß die richtige Saatgutmischung für den jeweiligen Standort verwendet werden (die Saattiefe sollte maximal 0,5 cm betragen).
- Bei steileren und südseitigen Flächen sollte eine Deckfrucht (Hafer, Sommergerste) im Ausmaß von rund 60 kg/ha eingesät werden (rund 3 cm tief).
- Das Abdecken des Saatguts mit ein bis zwei Lagen Stroh schützt die jungen Keimlinge vor Austrocknung und extremen Temperaturschwankungen.

Forstmulcher (Forstfräse)

Der Forstmulcher kommt meist nach der Schlägerung verwaldeter Almflächen zur Entfernung der Wurzelstöcke zum Einsatz. Weiters wird er mitunter bei massiver Verunkrautung mit der Rasenschmiele und bei Verheidung eingesetzt. Äste und Wurzelstöcke werden von dem Forstmulcher zerkleinert und in den Boden eingearbeitet. Das Gerät ist gegen Steine relativ unempfindlich. Eine Bodenuntersuchung nach dem Fräsvorgang ist sinnvoll, damit der richtige Dünger aufgebracht werden kann. Die oft hohen Mengen an Stickstoff im Boden liegen in organischer Form vor und sind so kaum für die neue Ansaat verfügbar. Einige Firmen bieten Forstfräsen mit integriertem Saatkasten an. Das Saatgut sollte nach der Einsaat angewalzt werden.

Zeitaufwand: Der Aufwand für das Fräsen liegt zwischen 3 bis 8 (maximal 14) Stunden/ha.

Durch die Forstfräse kann die Weidefläche vollständig erneuert werden.

Planie

Um sehr unebene oder mit Wurzelstöcken durchsetzte Flächen maschinell bewirtschaftbar zu machen, ist in Ausnahmefällen eine Planie sinnvoll. Dabei werden die Wurzelstöcke entfernt, das Gelände eingeebnet und begrünt. Sinnvoll sind Planien nur bei tiefgründigen, wenig versteinten Böden in Lagen, die nicht erosionsgefährdet sind. Besonders zu beachten sind die Zusammensetzung des Saatguts, der Zeitpunkt der Aussaat (siehe Kapitel *Einsaat*) sowie die sorgfältige Nachbehandlung der Fläche. Unmittelbar nach der Planie müssen die Flächen zum Schutz vor Vertritt ausgezäunt werden. Eine Bewässerung der Einsaat auf Trockenhängen trägt zum Erfolg bei. Durch einen „Schröpfschnitt" bei etwas mehr als handhohen und zur Flächendeckung neigenden Unkräutern wird Licht und Luft für die Entwicklung der eingesäten Nutzpflanzen geschaffen. Auch eine kurze, intensive Beweidung bei trockenem Boden wirkt gegen eine Verunkrautung und begünstigt die Bildung einer dichten Grasnarbe. Die Tabelle 28 gibt einen Überblick über den Aufwand und die Kosten von Planien.

Planien sind nur in Ausnahmefällen empfehlenswert!
- Bei der Durchführung von Planien wird die Vegetationsdecke vollständig zerstört und das Relief verändert. Sie stellen einen massiven Eingriff in den Naturhaushalt und das Landschaftsbild dar. Anfallender Humus und Grassoden sollten dabei sorgfältig abgehoben und nach der Planie wieder aufgetragen werden.
- Für Planien sind meist Bewilligungen der zuständigen Naturschutzbehörden erforderlich (siehe Kapitel *Naturschutzgesetze der Bundesländer*).
- Vor der Durchführung einer Planie ist zu prüfen, ob nicht eine alternative, wirtschaftlichere Maßnahme zur Verfügung steht (z. B. Fräsen).
- Planien sollten nur auf Standorten mit guten Ausgangsbedingungen – tiefgründiger Boden, geringe Neigung – durchgeführt werden.
- Nach einer Planie müssen die Flächen entsprechend beweidet und intensiv gepflegt werden, um eine Verunkrautung hintanzuhalten.

Bagger

Planien sollten möglichst schonend durchgeführt werden. Der Humus wird abgetragen, zwischengelagert und zum Schluß gleichmäßig auf der Fläche verteilt. Das Gelände sollte möglichst den natürlichen Gegebenheiten angepaßt werden. Kleine Kuppen und Mulden bereichern die Strukturvielfalt und vermindern die Angriffsfläche für Erosion.

Weiters werden mit dem Bagger nach Rodungen Wurzelstöcke ausgegraben und an geeigneter Stelle vergraben.

Zeitaufwand: Die reine Baggerarbeitszeit hängt sehr stark von der Ausgangssituation ab. Es kann von einem mittleren Aufwand von 15 bis 25 Stunden/ha ausgegangen werden. Der Aufwand hängt auch von der Leistung und der Größe des Baggers ab.

*Tabelle 28: **Zeitaufwand und Kosten für die Planie im Almbereich***

Methode	Aufwand Std./ha	Arbeits- und Maschinenkosten in Euro/ha (exkl. UST)
Geringer Aufwand		Richtwert für Baggerkosten: 44 bis 60 Euro/h
Bagger	5–15	220,-- bis 900,--
Mittlerer Aufwand		
Bagger	15–25	660,-- bis 1.500,--
Hoher Aufwand		
Bagger	25–40	1.100,-- bis 2.400,--

Entsteinen

Durch einen hohen Steinanteil wird die Bewirtschaftung der Weideflächen erschwert. Vor allem nach Lawinenabgängen ist das Entsteinen eine wesentliche almwirtschaftliche Pflegemaßnahme. Wenn es die topographischen Gegebenheiten erlauben, sollten die gesammelten Steine an sonnigen Plätzen auf Haufen gelagert werden. Dadurch entstehen wertvolle Biotope für wärmeliebende Tierarten, wie Schlangen, Eidechsen und eine Vielzahl von Insekten.

Die Tabelle 29 gibt einen Überblick über den Zeitaufwand und die Kosten der verschiedenen Methoden zum Entsteinen.

Händisches Entsteinen

Das händische Entsteinen eignet sich nur bei leichter Versteinung. Die Steine werden dabei auf kleine Haufen geworfen. Diese „Lesesteinhaufen" sind naturschutzfachlich wertvolle Landschaftselemente.

Zeitaufwand: Der Aufwand für händisches Entsteinen hängt sehr stark von den naturräumlichen Gegebenheiten ab. Geeignet ist diese Methode nur bei geringer Versteinung mit Steinen bis zu einem Gewicht von max. 10 kg. Bei schwereren Steinen ist die Zuhilfename eines Traktors oder eines Baggers sinnvoll.

Entsteinen mit dem Bagger
Bei dieser Methode werden Steine mit Hilfe eines Baggers auf Häufen geschichtet.

Zeitaufwand: Das Entsteinen ist eine sehr mühevolle Arbeit und nimmt je nach Erschwernisgrad zwischen 20 und 80 Stunden/ha in Anspruch. Zusätzlich zur reinen Baggerarbeitszeit muß man rund 150% Handarbeit einberechnen.

Entsteinen mit der Forstfräse
Auf Flächen, die mit dem Traktor befahrbar sind, können die Steine mit einer Fräse zerkleinert werden. Dabei werden lose Steine bis zu einem Durchmesser von 40 bis 50 cm auf eine Größe von maximal 7 cm zerkleinert. Anstehende Felsen werden bis 15 cm unter dem Oberboden abgefräst. Bei dieser Methode wird die Vegetation vollständig zerstört und stark in den Naturhaushalt der Fläche eingegriffen. Eine sachgemäße Nachbehandlung (Einsaat und eventuell Düngung und Bewässerung) ist unerläßlich, um auf Dauer eine ertragreiche Weide zu schaffen.

Die Maßnahme darf nicht auf flachgründigen, steilen oder erosionsgefährdeten Standorten durchgeführt werden!

Zeitaufwand: Rund 10 Stunden pro Hektar.

Zu den Kosten der Forstfräse müssen noch die Kosten für die Neueinsaat hinzugerechnet werden.

*Tabelle 29: **Zeitaufwand und Kosten des Entsteinens***

Methode	Aufwand Std./ha	Kosten In Euro/ha (exkl. UST)
Entsteinen mit dem Bagger		Baggerkosten: 44 bis 60 Euro/h
Geringer Aufwand	20–30	880,-- bis 1.800,--
Mittlerer Aufwand	40–50	1.760,-- bis 3.000,--
Hoher Aufwand	60–80	2.640,-- bis 4.800,--
Entsteinen mit der Forstfräse		Kosten der Forstfräse: 220 Euro/h
Geringer Aufwand	8	1.760,--
Mittlerer Aufwand	10	2.220,--
Hoher Aufwand	12	2.640,--

Einsaat und Übersaat

Bei der Einsaat wird nach der Bereitung eines Saatbettes die Saatgutmischung in eine Bodentiefe von maximal 0,5 cm eingebracht und angewalzt. Hingegen ist die Übersaat eine Maßnahme, bei der ohne Bodenbearbeitung die entstandenen Lücken in Pflanzenbeständen mit einer angepaßten Saatgutmischung erneuert werden (siehe *Koppelweide „Hufkultivierung"*).

Die Einsaat ist eine zentrale Maßnahme nach Erstmaßnahmen, wie Schwenden, Schlägeln, Fräsen und Planieren. Erst durch eine Einsaat offener Flächen kann eine geschlossene Grasnarbe erzielt werden. Die Tabelle 30 gibt einen Überblick über den Zeitaufwand und die Kosten der verschiedenen Einsaatmethoden. Zur Einsaat sollte geprüftes, standortangepaßtes Saatgut verwendet werden. Diese Saatgutmischungen enthalten alpine Ökotypen, die in Österreich vermehrt werden. Durch die separate, tiefere Einsaat von schnellkeimenden Deckfruchtarten (z. B. Roggen, Hafer, Sommergerste) wird die Erosionsgefahr gemindert.

Standortangepaßtes Saatgut

- Standortangepaßtes Saatgut enthält ausschließlich Pflanzenarten, die auch unter natürlichen Bedingungen auf diesen Standorten vorkommen.
- Dieses Saatgut ist an die kurze Vegetationszeit und die starken Temperaturschwankungen in subalpinen und alpinen Lagen angepaßt.
- Alpinsaatgut hat einen geringen Massenwuchs. Es entspricht daher dem gehemmten Nährstoffumsatz von Gebirgsböden.
- Die Wiederkehr eines ausdauernden und artenreichen Rasens wird dadurch gefördert.
- Die Begrünung mit standortangepaßtem Saatgut führt zu einer raschen und dauerhaften Bedeckung des offenen Bodens.
- Eine starke Durchwurzelung wird gefördert. Das trägt vor allem in den oberen Bodenschichten wesentlich zur Bodenbindung bei und verhindert einen Austrag an Feinmaterialien weitgehend.
- Die Kosten für Nachbegrünungen und Erhaltungsdüngung werden auf ein Mindestmaß eingeschränkt.

Strohdecksaat

Bei der Strohdecksaat wird das Saatgut sehr dünn (ein- bis zweilagig, ca. 300 bis 400 g/m²) mit Stroh bedeckt. Dadurch ist es gegen Temperaturextreme geschützt. Zusätzlich verzögert das Stroh das Austrocknen des Oberbodens. Unter dem Schutz des Strohs können sich die Keimlinge gut entwickeln, und es bildet sich rasch eine geschlossene Grasnarbe. Häufig wird zusätzlich ein Startdünger mit dem Saatgut vermischt. In sehr steilem Gelände und windexponierten Lagen sollten statt losem Stroh verwebte Strohmatten verwendet werden.

Besonders empfehlenswert ist die Strohdecksaat bei großflächigen Einsaaten sowie bei trockenen und erosionsgefährdeten Flächen.

Spritzbegrünung

Für die Spritzbegrünung wird Wasser mit Blumenerde oder Torf, Zellulose, einem Naß-Haftkleber und einem Dünger vermischt und auf die Flächen aufgespritzt. Die Spritzbegrünung eignet sich vor allem für flachgründige, humusarme Böden. Spritzbegrünungen werden von spezialisierten Unternehmen durchgeführt.

Schlafsaat

Bei der Schlafsaat wird das Saatgut erst im Spätherbst (je nach Höhenlage und Exposition zwischen Ende Oktober und Ende November) ausgebracht. Der Samen ruht bis zum Frühjahr im Boden und kann unmittelbar nach der Schneeschmelze, sobald die

Bodentemperaturen ausreichen, keimen. Bei dieser Methode ist der späte Sätermin von höchster Bedeutung. Bei zu früher Aussaat kann noch eine Keimung erfolgen. Dann besteht die Gefahr, daß die jungen Pflanzen abfrieren.

Mantelsaat
Bei der Mantelsaat ist das Saatgut mit einer Nährstoffmasse umhüllt. Das hat einerseits den Vorteil, daß dem Keimling rasch Nährstoffe und Spurenelemente zur Verfügung stehen. Andererseits wirkt der Mantel wasseranziehend und dadurch keimungsbeschleunigend. Zusätzlich wird das Saatgut schwerer; es ist dadurch der Winderosion weniger stark ausgesetzt. Letztendlich wird durch den Mantel der Gewichtsunterschied von Kleesamen und Grassamen ausgeglichen und eine Entmischung des Saatguts beim Aussäen verhindert. Diese Form der Einsaat ist vor allem bei kleinflächigen Nachsaaten empfehlenswert.

Tabelle 30: **Saatgutaufwand und Kosten für die Einsaat**

Methode	Aufwand	Kosten in Euro/ha (exkl. UST)
Einsaat (Neueinsaat)		
Saatgut		
Standortangepaßtes Saatgut bis rund 1.400 m Seehöhe	40 bis 80 kg/ha Preis/kg: 4,40 bis 5,50 Euro	180,-- bis 440,--
Standortangepaßtes Saatgut bis rund 1.700 m Seehöhe (montane Lagen)	80 bis 180 kg/ha Preis/kg: 4,70 bis 6,00 Euro	380,-- bis 1.080,--
Standortangepaßtes Saatgut über 1.700 m Seehöhe (alpine Lagen)	100 bis 140 kg/ha Preis/kg: 11 bis 13 Euro	1.100,-- bis 1.820,--
Arbeitszeit	Einsaat mit dem Düngerstreuer: 1 bis 2 Stunden/ha	30,-- bis 55,--
Strohdecksaat (ohne Saatgut)		
Stroh	Rund 5.000 kg Stroh/ha (Preis inkl. 10 km Transport)	880,--
Arbeitszeit	Aufbringen durch Gebläseverteilung (bis 70% Hangneigung), rund 15 h/ha	490,--
Spritzbegrünung (ohne Saatgut, inkl. Arbeitszeit-Einsaat)		
Transportkarren mit Tankgefäß (Faßvermögen: 2.000 l, rund 1 l/m² Fläche)	5 bis 6 Stunden, sofern Wasser bereitgestellt wird	rund 2.180,-- Euro (exkl. Saatgut)
Nachsaat		
Standortangepaßtes Saatgut zur Nachsaat	20 bis 60 kg/ha Preis/kg: 4,40 Euro	90,-- bis 265,--

*Mit der ÖAG-Dauerwiesen-
mischung H – für rauhe
Lagen begrünte Almfläche.*

Zusammensetzung geeigneter Saatgutmischungen

In den folgenden Tabellen werden Beispiele für standortangepaßte Saatgutmischungen gegeben.

Neben der Höhenlage ist auch das Ausgangsgestein für die Wahl der passenden Saatgutmischung von Bedeutung.

Tabelle 31: **Saatgut für montane Standorte bis 1.400 m Seehöhe**
*(ÖAG-Dauerweidemischung H – für rauhe Lagen; Zusammensetzung: BAL Gumpenstein, die
Pflanzennamen richten sich nach ADLER et al. 1994)*

Seehöhe zwischen 800 und 1.400 m ü.A.	
Pflanzenname	**Anteil in %**
Weiß-Klee *(Trifolium repens)*	10,0
Gewöhnlicher Hornklee *(Lotus corniculatus)*	5,0
Englisches Raygras *(Lolium perenne)*	5,0
Wiesen-Knaulgras *(Dactylis glomerata)*	5,0
Timothee *(Phleum pratense)*	15,0
Wiesen-Schwingel *(Festuca pratensis)*	15,0
Wiesen-Kammgras *(Cynosurus cristatus)*	5,0
Gewöhnlicher Rot-Schwingel *(Festuca rubra)*	10,0
Rot-Straußgras *(Agrostis capillaris)*	5,0
Wiesen-Rispe *(Poa pratensis)*	20,0
Schweden-Klee *(Trifolium hybridum)*	5,0

Tabelle 32: **Saatgut für Standorte im Bereich des Waldgürtels bis 1.700 m Seehöhe**
(ReNatura Montan M1 und M2, Zusammensetzung: Dr. Lichtenegger, Dr. Krautzer; die Pflanzennamen richten sich nach ADLER et al. 1994

Saures Ausgangsgestein		Basisches Ausgangsgestein	
Pflanzenname	Anteil in %	Pflanzenname	Anteil in %
Horst-Rot-Schwingel (Festuca nigrescens)	16,0	Horst-Rot-Schwingel (Festuca nigrescens)	15,0
Gewöhnlicher Rot-Schwingel (Festuca rubra)	25,0	Gewöhnlicher Rot-Schwingel (Festuca rubra)	20,0
Rot-Straußgras (Agrostis capillaris)	8,0	Rot-Straußgras (Agrostis capillaris)	5,0
Wolliges Honiggras (Holcus lanatus)	1,0	Wiesen-Fuchsschwanz (Alopecurus pratensis)	3,0
Gemeines Ruchgras (Anthoxanthum odoratum)	2,0	Englisches Raygras (Lolium perenne)	5,0
Hain-Rispengras (Poa nemoralis s.str.)	1,0	Wiesen-Rispe (Poa pratensis)	15,0
Wiesen-Lieschgras (Phleum pratense s.str.)	5,0	Timothee (Phleum pratense)	6,0
Wiesen-Fuchsschwanz (Alopecurus pratensis)	2,0	Wiesen-Knaulgras (Dactylis glomerata ssp. glomerata)	6,0
Deutsches Weidelgras (Lolium perenne)	5,0	Weiß-Klee (Trifolium repens)	13,0
Wiesen-Rispe (Poa pratensis)	10,0	Gewöhnlicher Hornklee (Lotus corniculatus)	10,0
Wiesen-Schwingel (Festuca pratensis)	5,0	Alpen-Wundklee (Anthyllis vulneraria ssp. alpina.)	2,0
Weiß-Klee (Trifolium repens ssp. repens)	15,0		
Gewöhnlicher Hornklee (Lotus corniculatus)	5,0		

Tabelle 33: **Saatgut für alpine Standorte über 1.700 m Seehöhe**
(ReNatura Alpin A1 und A 2; Zusammensetzung: Dr. Lichtenegger, Dr. Krautzer; die Pflanzennamen richten sich nach ADLER et al. 1994)

Saures Ausgangsgestein		Basisches Ausgangsgestein	
Pflanzenname	Anteil in %	Pflanzenname	Anteil in %
Horst-Rot-Schwingel (Festuca nigrescens)	46,0	Horst-Rot-Schwingel (Festuca nigrescens)	46,0
Alpen-Rispe (Poa alpina)	17,0	Alpen-Rispe (Poa alpina)	24,0
Violettrispe (Bellardiochloa variegata)	0,3	Violettrispe (Bellardiochloa variegata)	0,3
Kurz-Schwingel (Festuca supina)	2,0	Matten-Lieschgras (Phleum hirsutum)	0,5
Harter Felsen-Schwingel (Festuca pseudodura)	2,0	Harter Felsen-Schwingel (Festuca pseudodura)	2,0
Alpen-Lieschgras (Phleum rhaeticum)	1,0	Rot-Straußgras (Agrostis capillaris)	7,0
Drahtschmiele (Avenella flexuosa)	1,0	Weiß-Klee (Trifolium repens)	10,0
Rot-Straußgras (Agrostis capillaris)	7,0	Gewöhnlicher Hornklee (Lotus corniculatus)	8,0
Weiß-Klee (Trifolium repens)	16	Alpen-Wundklee (Anthyllis vulneraria ssp. alpina)	1,5
Gewöhnlicher Hornklee (Lotus corniculatus)	6,0	Echte Schafgarbe (Achillea millefolium.)	0,7
Echte Schafgarbe (Achillea millefolium.)	1,7		

Abbrennen

Nach dem Bundesgesetzblatt Nr. 405/1993 (Bundesgesetz über ein Verbot des Verbrennens biogener Materialien außerhalb von Anlagen) ist das flächige Abbrennen biogener Materialien in Österreich bis auf wenige Ausnahmen verboten. Darüber hinaus ist ein Verbot über das flächige Abbrennen in den Naturschutzgesetzen der meisten Bundesländer verankert.

Ungeachtet dieser Tatsachen soll diese früher weit verbreitete Maßnahme zur Almrevitalisierung in diesem Buch nicht unerwähnt bleiben.

> **Großflächiges Abbrennen, Abbrennen ohne auf die Standortfaktoren und die Witterungsverhältnisse einzugehen bzw. ohne fachliche Beratung und ohne Beaufsichtigung ist gefährlich, aus almwirtschaftlicher Sicht wenig zielführend und aus naturschutzfachlichen Gründen abzulehnen.**
> **(vgl. KERSCHBAUMER & HUBER 2002)**

Bei sachgemäßem Abbrennen werden nur überständige Gras- und Krautbestände sowie weitgehend trockene Zwergstrauchbestände verbrannt. Vernichtet werden nur jene Gewächse, deren Erneuerungstriebe ober der Erdoberfläche liegen. Das sind vor allem Zwergsträucher und andere Holzgewächse.

Mit einem raschen, oberflächlichen Brand wird der Bestandesabfall und, wenn vorhanden, die oberste Schichte der Rohhumusauflage mitverbrannt. In den Oberboden, in dem die Überdauerungsorgane der Pflanzen liegen und in dem sich das Bodentierleben hauptsächlich entfaltet, dringt der Brand nicht ein (LICHTENEGGER 1998, ORAWETZ 1989).

Das Abbrennen kann eine erfolgreiche Maßnahme zur Bekämpfung von Zwergsträuchern sein, wenn folgende Faktoren berücksichtigt werden (KERSCHBAUMER & HUBER 2002):

- Der Boden darf nicht zu seichtgründig sein.
- Die Maßnahmenfläche darf nicht zu steil sein (Erosionsgefahr).
- Zum Zeitpunkt des Abbrennens darf der Boden nicht ausgetrocknet sein, sonst würde der Brand tiefer in den Boden vordringen und die unterirdische Biomasse (Bodentiere und Grasnarbe) würde Schaden nehmen.
- Das Abbrennen sollte mit dem (keinesfalls zu starken) Wind erfolgen, damit das Feuer rasch über die Fläche zieht und nur Zwergsträucher und überständige Pflanzenreste verbrannt werden.
- Die Maßnahmenfläche sollte eine Fläche von ½ bis 1 Hektar nicht überschreiten.
- Nach dem Abbrennen sollte die Fläche gegebenenfalls mit standortangepaßtem Saatgut begrünt werden.

GESETZLICHE GRUNDLAGEN

> Bei geplanten Maßnahmen sind grundsätzlich die Bestimmungen der Natur-
> schutzgesetze der Länder, das Bundesgesetz zum Abbrennen biogener Materi-
> alien und das Österreichische Forstgesetz zu beachten.

BUNDESGESETZ ÜBER EIN VERBOT DES VERBREN-
NENS BIOGENER MATERIALIEN AUSSERHALB VON
ANLAGEN (BGBL NR. 405/1993)

§ 2 Verbot des flächenhaften Verbrennens: Das flächenhafte Verbrennen von bioge-
nen Materialien ist, soweit in § 3 nicht anders bestimmt, verboten (§ 3 regelt das Abbrennen von Stroh auf Stoppelfeldern, das Abbrennen von schädlingsbefallenen bio-
genen Materialien. Weiters von diesen Verbot ausgenommen ist das Abflammen von
Böden als Maßnahme des Pflanzenschutzes sowie das Abbrennen von Flächen im Rahmen von Übungen zur Brand- und Katastrophenbekämpfung).
§ 4: Verbot des punktuellen Verbrennens: Das punktuelle Verbrennen biogener Materialien (z. B. Schwendhäufen) ist außerhalb von Anlagen in der Zeit vom 1. Mai bis
15. September verboten (Ausnahmen sind im § 5 geregelt; z. B. Grill- und Lagerfeuer,
Räuchern als Frostschutz in Obst- und Weingärten, im Rahmen von Feuerwehrübun-
gen).

NATURSCHUTZGESETZE DER BUNDESLÄNDER

Die Naturschutzgesetze zielen auf die Erhaltung der Natur ab und normieren Beschränkungen menschlicher Eingriffe in die Natur. Damit soll der Bestand des Erho-
lungsraumes der Menschen und des Lebensraumes der Tiere und Pflanzen gesichert
werden. In Österreich sind die Naturschutzgesetze Landessache. Jedes Bundesland hat
eigene Naturschutzbestimmungen und Verordnungen, die sich zum Teil voneinander
unterscheiden.

In diesem Kapitel wird ein Überblick über die Verordnungen, die für almwirtschaftliche Maßnahmen von Bedeutung sein können, gegeben.

Weiters werden für jedes Bundesland die vollkommen oder teilweise geschützten
Pflanzenarten angeführt, deren Reduktion bei almwirtschaftlichen Maßnahmen im
Vordergrund stehen kann (Schwenden von Zwergsträuchern, wie z. B. Alpenrose, oder
Sträucher, wie z. B. Latschen oder Weiden). Auf geschützte Pflanzenarten, die durch

almwirtschaftliche Maßnahmen nicht unmittelbar bekämpft werden, wie z. B. Enzian-Arten und Orchideen, wird nicht näher eingegangen.

> **Maßnahmen, bei denen generell das Naturschutzgesetz zu beachten ist, sind:**
> - Planien, bei denen gravierende Geländeveränderungen vorgenommen werden.
> - Planien und Geländeveränderungen oberhalb der Waldgrenze.
> - Planien, Grabungen und Entwässerungen von Niedermooren und Feuchtgebieten.
> - Abbrennen von Schwendhäufen.
> - Flächiges Abbrennen von Almweiden.
> - Einsatz von Düngern, Herbiziden und Insektiziden.

Niederösterreich

A) Geschützte Pflanzenarten
Bei der Pflege und Revitalisierung von Almen in Niederösterreich ist zu beachten, daß folgende Pflanzenarten nach dem NÖ. Naturschutzgesetz teilweisem Schutz unterliegen (Niederösterreichisches Naturschutzgesetz, LGBl. Nr. 5500/2-2 §§ 1 und 2):
- Wacholder (*Juniperus communis*)
- Weiden (*Salix* sp., alle Arten zwischen 1. Jänner und 31. Mai)
- Farne (*Filicophyta*, alle Arten)

Bei diesen Arten sind Eingriffe in die unterirdischen Teile unzulässig, die Entnahme von fünf Zweigen (Wacholder und Weiden) oder eines Handstraußes (Farne) ist jedoch erlaubt.

Ausnahmen zu den Verordnungen sind bei gewerblicher, land- und forstwirtschaftlicher Nutzung nach § 21 Abs. 2 und 3 des NÖ Naturschutzgesetzes 2000, LGBl. Nr. 5500-2, möglich: Demnach bleiben Maßnahmen im Zusammenhang mit einer zeitgemäßen und nachhaltigen land- und forstwirtschaftlichen Nutzung von Grundstücken unbeschadet. Die Ausnahmeklausel gilt jedoch nicht, wenn geschützte Tier- oder Pflanzenarten absichtlich beeinträchtigt werden oder vom Aussterben bedrohte Pflanzen und Tiere von Maßnahmen betroffen sind.

B) Für die Almwirtschaft relevante Bestimmungen (NÖ Naturschutzgesetz 2000, LGBl. Nr. 5500-2)
§ 6 Verbote, Abs. 2: Außerhalb vom Ortsbereich ist die Vornahme von Entwässerungen, Grabungen, Anschüttungen und sonstigen Maßnahmen, die den Lebensraum für Tiere und Pflanzen gefährden, im Bereich von Moor- oder Sumpfflächen, Auwäldern sowie Schilf- und Röhrichtbeständen verboten. Ausnahmen gelten für unbedingt notwendige Maßnahmen, die gemäß § 7 bewilligt werden.
§ 7 Bewilligungspflicht, Abs. 4: Bewilligungspflichtig sind Abgrabungen oder Anschüttungen, die nicht im Zuge anderer nach diesem Gesetz bewilligungspflichtiger Vorhaben stattfinden, wenn sie eine Fläche von 1.000 m² überschreiten und eine Änderung des bisherigen Niveaus um mehr als einen Meter erfolgt.

Oberösterreich

A) Geschützte Pflanzenarten

Bei der Pflege und Revitalisierung von Almen ist zu beachten, daß folgende Pflanzenarten nach der Verordnung über den Schutz wildwachsender Pflanzen und freilebender Tiere teilweise geschützt sind:

- Latsche (*Pinus mugo*)
- Zirbe (*Pinus cembra*)
- Wacholder (*Juniperus communis* agg.)
- Alle Weiden (*Salix* sp.)
- Alpenrose (*Rhododendron* sp., alle Arten)

B) Für die Almwirtschaft relevante Bestimmungen (OÖ. Natur- und Landschaftsschutzgesetz 2001, LGBl. Nr. 129/2001 i. d. F. LGBl. Nr. 160/2001)

§ 5: Bewilligungspflichtige Vorhaben im Grünland für

- infrastrukturelle Erschließungsmaßnahmen auf einer Seehöhe über 1.200 m, wie insbesondere der Neu- und Umbau von Wegen, Rohrleitungen, Fernmelde- und elektrischen Leitungsanlagen sowie Klettersteigen, ausgenommen Reparatur-, Instandhaltungs- und Sicherungsmaßnahmen an bestehenden Wegen und Klettersteigen;
- die Errichtung und die Änderung von Standseilbahnen, Seilschwebebahnen, Schräg-, Sessel- und Schleppliften, wenn sie eine Länge von 200 m überschreiten, sowie von Schipisten; die Präparierung von Schipisten mit Kunstschnee;
- die Trockenlegung von Mooren und Sümpfen, der Torfabbau und die Drainagierung von Feuchtwiesen; ferner die Drainagierung sonstiger Grundflächen, deren Ausmaß 5.000 m² überschreitet;
- das Beseitigen von künstlichen und natürlichen stehenden Gewässern;
- die Rodung von Busch- und Gehölzgruppen und von Schneeheide-Föhrenwäldern;
- die Durchführung von geländegestaltenden Maßnahmen (Abtragungen und Aufschüttungen) auf einer Fläche von mehr als 2.000 m², wenn die Höhenlage um mehr als 1 m geändert wird;
- die Bodenabtragung, die Aufschüttung, die Düngung, die Anlage künstlicher Gewässer, die Neuaufforstung und das Pflanzen von standortfremden Gewächsen in Mooren, Sümpfen, Feuchtwiesen sowie Trocken- und Halbtrockenrasen.

Salzburg

A) Geschützte Pflanzenarten

Bei der Pflege und Revitalisierung von Almen ist zu beachten, daß folgende Pflanzenarten in Salzburg nach der Pflanzen- und Tierschutzverordnung 2001, LGBl Nr. 18/2001, teilweisem Schutz unterliegen:

- Alle Weiden (*Salix* sp., vom 1. Feber bis 30. April)

Von teilweise geschützten Arten dürfen keine unterirdischen Teile vom Standort entfernt werden. Von oberirdischen Teilen darf ein Handstrauß beziehungsweise dürfen einzelne Zweige entfernt werden.

Ausgenommen von den Bestimmungen über den Schutz der Pflanzen- und Tierarten und den darauf gründenden Verordnungen sind die ordnungsgemäße Land- und Forstwirtschaft (§ 33 Abs. 2 des Salzburger Naturschutzgesetzes 1999).

Besondere Bestimmungen gelten für die Pflanzenschutzgebiete Obertauern und Untersberg:

Das Gebiet von **Obertauern** (Gemeinde Untertauern und Tweng) ist auf einer festgelegten Fläche (siehe LGBl. Nr. 91/1986 § 2) als Pflanzenschutzgebiet ausgewiesen. In diesem Gebiet gelten folgende Pflanzen, die von almwirtschaftlichen Maßnahmen betroffen sein können, als vollkommen geschützt (LGBl. Nr. 91/1986):

- Zirbe (*Pinus cembra*)
- Latsche (*Pinus mugo*)
- Bewimperte Alpenrose (*Rhododendron hirsutum*)
- Rostblättrige Alpenrose (*Rhododendron ferrugineum*)

Das Gebiet von **Untersberg** ist auf einer festgelegten Fläche (siehe LGBl. Nr. 101/1983 § 2) als Pflanzenschutzgebiet ausgewiesen. In diesem Gebiet gelten folgende Pflanzen, die von almwirtschaftlichen Maßnahmen betroffen sein können, als vollkommen geschützt (LGBl. Nr. 101/1983):

- Zirbe (*Pinus cembra*)
- Latsche (*Pinus mugo*)
- Bewimperte Alpenrose (*Rhododendron hirsutum*)

B) Für die Almwirtschaft relevante Bestimmungen

§ 25 Bewilligungspflichtige Maßnahmen (LGBl. Nr. 73/1999)

§ 25, Absatz 1 lit. d: eine Bewilligungspflicht besteht jedenfalls für alle geländeverändernden Maßnahmen, die auf einer Fläche von mehr als 5.000 m² erfolgen, und für die Anlage und wesentliche Änderung von Straßen und Wegen.

§ 26 Anzeigepflichtige Maßnahmen

§ 26, Absatz 1 lit. a: in der freien Landschaft und außerhalb des Waldes ist die dauernde Beseitigung von Busch- und Gehölzgruppen sowie von Heckenzügen, insbesondere entlang von Wegen und Grundgrenzen, ausgenommen das notwendige Schwenden und das Freischneiden von Leitungstrassen, anzeigepflichtig.

§ 26, Absatz 1 lit b: Die Errichtung und wesentliche Änderung von Entwässerungsanlagen, die innerhalb von Feuchtbiotopen mit einer Fläche über 5.000 m² liegen.

§ 26, Absatz 1 lit. d: alle nicht bewilligungspflichtigen geländeverändernden Maßnahmen auf Almen und in der Alpinregion.

§ 27 Verbote in der freien Landschaft

§ 27, Absatz 1: Im Land Salzburg ist das chemische Schwenden sowie das chemische Präparieren von Schipisten, ausgenommen im Zuge von sportlichen Veranstaltungen, verboten.

§ 27, Absatz 2 lit. b: In der freien Landschaft ist das Abbrennen der Vegetation verboten.

Steiermark

A) Geschützte Pflanzenarten

Bei der Pflege und Revitalisierung von Almen ist zu beachten, daß folgende Pflanzenarten nach der Steiermärkischen Naturschutzverordnung, LGBl., Nr. 52/1987, teilweisem Schutz unterliegen:

- Alpen-Wacholder (*Juniperus communis* ssp. *alpina*)
- Alle Weiden (*Salix* sp.)
- Alpenrosen (*Rhododendron* sp., alle Arten)

Die unterirdischen Teile dieser Pflanzenarten dürfen nicht beschädigt, vernichtet oder entnommen werden.

B) Für die Almwirtschaft relevante Bestimmungen

Für Almen relevant sind in der Steiermark vor allem die Bestimmungen der § 5 (Naturschutzgebiete), § 6 (Landschaftsschutzgebiete) und § 13 (Europaschutzgebiete), LGBl. Nr. 65/1976 in der Fassung Nr. 35/2000.

§ 5 Naturschutzgebiete: In Naturschutzgebieten dürfen keine die Natur schädigenden, das Landschaftsbild verunstaltenden oder den Naturgenuß beeinträchtigenden Eingriffe vorgenommen werden. Die zeitgemäße, auf die naturräumlichen Voraussetzungen abgestimmte land- und forstwirtschaftliche Nutzung wird davon jedoch nicht berührt, sofern nicht Beschränkungen erlassen wurden.

§ 6 Landschaftsschutzgebiet: In Landschaftsschutzgebieten sind alle Handlungen zu unterlassen, die den Bestimmungen des § 2 widersprechen (nachhaltige Auswirkungen auf Natur und Landschaft, die Natur schädigende, das Landschaftsbild verunstaltende und den Naturgenuß störende Änderungen).

§ 13 a Europaschutzgebiete: Viele Almen der Steiermark werden in Zukunft in Europaschutzgebieten (Natura 2000-Gebiete) liegen. In diesen Gebieten wird für bestimmte Vorhaben eine Verträglichkeitsprüfung durchzuführen sein.

§ 6 Schutz des Lebensraumes: Zum Schutz des Lebensraumes der geschützten Tierarten ist es verboten, in der Zeit vom 15. April bis 15. September auf einer Seehöhe über 800 m die Bodendecke auf extensiv genutzten Fluren abzubrennen oder chemisch zu beseitigen[3].

Kärnten

Folgende Schutzbestimmungen sind nach dem Kärntner Naturschutzgesetz zu beachten.

A) Geschützte Pflanzenarten

Bei der Pflege und Revitalisierung von Almen ist zu beachten, daß die meisten Weidenarten (*Salix* sp.) der alpinen und subalpinen Stufe vollkommen geschützt sind (Kärntner Pflanzenschutzverordnung, LGBl. Nr. 27/1989), und folgende Pflanzenarten teilweisem Schutz unterliegen:

---

[3] Dieser Paragraph findet derzeit keine gesetzliche Deckung in den neuen Bestimmungen des § 13 (Kohärentes europäisches ökologisches Netz „NATURA 2000"), wird möglicherweise jedoch in der Naturschutzgesetznovelle 2003 in das Naturschutzgesetz wieder aufgenommen.

- Rostblättrige Alpenrose (*Rhododendron ferrugineum*)
- Bewimperte Alpenrose (*Rhododendron hirsutum*)
- Latsche (*Pinus mugo*)
- Zirbe (*Pinus cembra*)

Von teilweise geschützten Pflanzen dürfen unterirdische Teile nicht vom Standort entfernt werden. Von oberirdischen Teilen dürfen bis zu drei Stück bzw. drei Äste bis zu einer Länge von 50 cm gepflückt oder abgeschnitten werden. Zu den Bestimmungen dieser Schutzverordnung gibt es Ausnahmen für die Land- und Forstwirtschaft. Demnach gelten die Bestimmungen nicht für Pflegemaßnahmen, die der zeitgemäßen, auf die naturräumlichen Voraussetzungen abgestimmten land- und forstwirtschaftlichen Nutzung zuzurechnen sind (LGBL. Nr. 19/1986 § 22).

B) Für die Almwirtschaft relevante Bestimmungen (LGBl. Nr. 54/1986 i. d. F. LGBl. Nr. 12/2002)

§ 5 Schutz der freien Landschaft: Nach § 5, Absatz 1 ist für die Abgrabung und Anschüttung auf einer Fläche von mehr als 2.000 m², wenn das Niveau überwiegend mehr als einen Meter verändert wird, und ähnliche weitreichende Geländeveränderungen in der freien Landschaft (außerhalb des geschlossenen Siedlungsgebiets) eine naturschutzfachliche Bewilligung erforderlich.

§ 6 Schutz der Alpinregion: Nach § 6 sind in der Region oberhalb der Grenze des geschlossenen Baumbewuchses (Alpinregion nach § 2 Abs. 2 Forstgesetz 1975, BGBl. Nr. 440) geländeverändernde Maßnahmen (Grabungen und Anschüttungen), die Zerstörung der Humusschichte oder die Versiegelung des Bodens durch Asphaltierung verboten. Ausgenommen davon sind Geländeveränderungen in geringfügigem Ausmaß, wie die Sanierung bestehender Wege, die Revitalisierung von Almweideflächen (Rückführung verwaldeter, verbuschter, verstrauchter und verunkrauteter Almflächen in nutzbare Weideflächen durch Roden, Schwenden, Schlägeln oder Mulchen) oder Geländeveränderungen im Zuge von bewilligten Maßnahmen.

§ 8 Schutz der Feuchtgebiete: Nach § 8 des Kärntner Naturschutzgesetzes sind in Moor- und Sumpfflächen, Schilf- und Röhrichtbeständen sowie in Au- und Bruchwäldern Anschüttungen, Entwässerungen und Grabungen und sonstige, den Lebensraum von Tieren und Pflanzen in diesem Bereich nachhaltig gefährdende Maßnahmen verboten.

§ 9 Bewilligungen:

1. Bewilligungen im Sinne der §§ 4 und 5 dürfen nicht erteilt werden, wenn durch die Maßnahme
   a) das Landschaftsbild nachteilig beeinflußt würde,
   b) das Gefüge des Naturhaushalts im betroffenen Lebensraum nachhaltig beeinträchtigt würde oder
   c) der Charakter des betroffenen Landschaftsraumes nachhaltig beeinträchtigt würde.
2. Eine nachhaltige Beeinträchtigung des Gefüges des Haushaltes der Natur liegt vor, wenn durch eine Maßnahme oder ein Vorhaben
   a) ein wesentlicher Bestand seltener, gefährdeter oder geschützter Tier- oder Pflanzenarten vernichtet würde oder
   b) der Lebensraum seltener, gefährdeter oder geschützter Tier- oder Pflanzenarten wesentlich beeinträchtigt oder vernichtet würde;

c) der Bestand einer seltenen, gefährdeten oder geschützten Biotoptype wesentlich beeinträchtigt oder vernichtet würde.

§ 3 der Pflanzenschutzverordnung (LGBl. Nr. 27/1989): Zum Schutz des Lebensraumes geschützter Pflanzen ist es in der freien Landschaft verboten, die Bodenvegetation und Bodendecke in der Alpinregion sowie in den Nationalparks „Hohe Tauern" und „Nockberge" abzubrennen.

§ 4 der Tierartenschutzverordnung (LGBl. Nr. 3/1989): In der freien Landschaft ist es verboten, die Bodenvegetation und die Bodendecke auf Wiesen, Feldrainen, ungenütztem Gelände und Hecken sowie Hecken in der Alpinregion sowie in den Nationalparks „Hohe Tauern" und „Nockberge" abzubrennen. Im übrigen Landesgebiet in der Zeit vom 15. Februar bis 15. September eines jeden Jahres.

Tirol

Maßnahmen der üblichen land- und forstwirtschaftlichen Nutzung bedürfen keiner Bewilligung nach dem Naturschutzgesetz. Diese Ausnahme gilt jedoch nicht für Maßnahmen in Auwäldern nach § 8, in Feuchtgebieten nach § 9, in Naturschutzgebieten und Sonderschutzgebieten nach § 20 Abs. 3 und § 21 Abs. 2 und für das vorsätzliche Töten, Fangen und Stören von wildlebenden Tieren.

A) Geschützte Pflanzenarten
Bei der Pflege und Revitalisierung von Almen ist zu beachten, daß folgende Pflanzenarten nach dem Tiroler Naturschutzgesetz teilweisem Schutz unterliegen (LGBl. Nr. 95/1997):
• Weiden (*Salix* sp., 1. Dezember bis 30. Mai)
• Erlen (*Alnus* sp., 1. Dezember bis 30. Mai)
• Birken (*Betula* sp., 1. Dezember bis 30. Mai)
   Diese Arten dürfen nur in einem solchen Ausmaß und einer solchen Menge von ihrem Standort entfernt oder an ihrem Standort beschädigt oder vernichtet werden, daß ihr Weiterbestehen an diesem Standort gesichert bleibt.
   Weiters ist es verboten, die Buschvegetation mit Latsche (*Pinus mugo*) und Bewimperter Alpenrose (*Rhododendron hirsutum*) sowie Spirkenwälder auf Gips- oder Kalksubstrat so zu behandeln, daß ihr Fortbestand unmöglich wird, insbesondere ihre natürliche Artenzusammensetzung zu verändern.

B) Für die Almwirtschaft relevante Bestimmungen
§ 6 Allgemeine Bewilligungspflicht (LGBl. Nr. 33/1997 in der Fassung 14/2002): Außerhalb geschlossener Ortsgebiete sind Geländeabtragungen und Geländeaufschüttungen außerhalb eingefriedeter bebauter Grundstücke in einem Ausmaß von mehr als 5.000 m² berührter Fläche bewilligungspflichtig.
§ 7 Schutz des Lebensraumes (LGBl. Nr. 95/1997): Zum Schutz des Lebensraumes der geschützten Tierarten ist es außerhalb von bebauten Grundstücken verboten, Gebüsch zu roden bzw. Gebüsch oder die Bodendecke abzubrennen.

Vorarlberg

A) Geschützte Pflanzenarten

Bei der Pflege und Revitalisierung von Almen ist zu beachten, daß die Zirbe (*Pinus cembra*) nach dem Vorarlberger Naturschutzgesetz vollkommen geschützt ist (LGBl. Nr. 8/1998 in der Fassung 8/2001):

Das Nutzen und Sammeln dieser Pflanzenart oder Pflanzenteile dieser Art und jede andere nachteilige Einwirkung auf sie ist verboten.

B) Für die Almwirtschaft relevante Bestimmungen

§ 23 Schutz von Gletschern und der Alpinregion Abs. 2 (Gesetz über Naturschutz und Landschaftsentwicklung LGBl. Nr. 22/97 i. d. F.): Im Bereich der Alpinregion (Gebiet ober der Grenze des geschlossenen Baumbewuchses, nicht jedoch unter 1.800 m ü. A.) sind die Errichtung und wesentliche Änderung von Bauwerken, mit Ausnahme solcher, die ausschließlich landwirtschaftlichen Zwecken dienen, sowie unter Einsatz maschineller Hilfsmittel durchgeführte Geländeveränderungen im Ausmaß über 100 m² bewilligungspflichtig.

§ 11 Schutz des Lebensraumes (LGBl. Nr. 8/1998 i. d. F. 8/2001): Zum Schutz des Lebensraumes gefährdeter Tier- und Pflanzenarten ist es verboten, a) Röhrichte oder die Bodendecke abzubrennen, b) in der Zeit zwischen 15. März und 20. September außerhalb bebauter Bereiche Hecken zu schneiden oder Röhrichte zu mähen, c) auf Alpflächen Herbizide zu verwenden, ausgenommen zur Einzelpflanzenbekämpfung.

BESTIMMUNGEN DES ÖSTERREICHISCHEN FORSTGESETZES

Vor dem Schwenden von verwaldeten Flächen und Krummholzbeständen ist zu beachten, daß unter bestimmten Voraussetzungen eine Rodungsbewilligung erforderlich sein kann (ÖSTERREICHISCHES FORSTGESETZ 1975, i. d. F. BGBl. Nr.59/2002):

Eine Rodungsbewilligung ist erforderlich bei:
1. Flächen, die im Grundsteuerkataster der Benutzungsart Wald zugeordnet sind, solange die Behörde nicht festgestellt hat, daß es sich nicht um Wald handelt.
2. Grundflächen, die bisher nicht Wald waren (z. B. Widmung im Almkataster als Alpe), nach Erreichen einer Überschirmung von fünf Zehntel der Fläche und einer Bestandeshöhe von mehr als 3 Meter (§ 4).
3. Flächen, die als Kampfzone gelten (Zone zwischen der natürlichen Baumgrenze und der tatsächlichen Grenze des geschlossenen Baumbewuchses), unabhängig von der Benützungsart und des flächenmäßigen Aufbaus des Bewuchses (§ 2).

Erteilung der Rodungsbewilligung
- Keine Rodungsbewilligung ist erforderlich, wenn die Grundflächen im Grenz- oder Grundsteuerkataster der Benutzungsart Alpen zugeordnet sind und nicht durch

Neubewaldung zu Wald geworden sind (weniger als 5/10 Überschirmung und Bestandeshöhe von unter drei Meter).
- Die Rodungsbewilligung wird erteilt, wenn das öffentliche Interesse nicht entgegensteht.
- Die Erteilung der Rodungsbewilligung ist auch ohne Verhandlung und Bescheid möglich, wenn die Fläche kleiner als 1.000 m² ist. In diesem Falle meldet der Rodungswerber die Rodung an. Wenn innerhalb einer Frist von 6 Wochen keine gegenteilige Stellungnahme kommt, kann die Fläche gerodet werden.

Es ist vom Laien schwer festzustellen, ob eine Rodung notwendig ist beziehungsweise ob die zur Schwendung beabsichtigte Fläche Wald oder Nichtwald im Sinne des Forstgesetzes ist. Daher wird empfohlen, in Zweifelsfällen immer die zuständige Bezirksforstinspektion zu kontaktieren. Bei geförderten und von Planungsbüros erstellten Schwendplänen sollte die Frage der Rodung im Vorfeld abgeklärt werden.

Abbrennen von Schlagraum (Fratten)
Das Schlagbrennen oder sonstige flächenweise Abbrennen von Pflanzenresten (Schlag- und Schwendabraum, Fratten) ist nur zulässig, wenn damit nicht der Wald gefährdet, die Bodengüte nicht beeinträchtigt oder nicht die Gefahr eines Waldbrandes herbeigeführt wird. Das beabsichtigte Anlegen solcher Feuer ist spätestens vor Beginn unter Angabe des Ortes und des Zeitpunktes der Gemeinde zu melden. Die zum Feuerentzünden befugten Personen haben mit größter Vorsicht vorzugehen. Das Feuer ist zu beaufsichtigen und vor seinem Verlassen sorgfältig zu löschen (§ 40).

Weites sind im Forstgesetz die gesetzliche Grundlage der Wildbach- und Lawinenverbauung geregelt. Im Wesentlichen sind das:
- **Das Gesetz zum Schutz vor Wildbächen und Lawinen:** In den §§ 98 bis 103 ist der Anwendungsbereich des Gesetzes, Vorbeugemaßnahmen in Einzugsgebieten, die Räumung von Wildbächen, das Verfahren und die Zuständigkeit geregelt.
- **Der Gefahrenzonenplan (§ 11):** Im Gefahrenzonenplan sind die wildbach- und lawinengefährdeten Bereiche dargestellt. Für diese ist eine besondere Art der Bewirtschaftung oder deren Freihaltung für spätere Schutzmaßnahmen erforderlich.

WASSERRECHTSGESETZNOVELLE 1990

Hier wird grundsätzlich die Düngung mit Stickstoff für das Grünland festgelegt.

RICHTLINIE FÜR DIE SACHGEMÄSSE DÜNGUNG

In dieser Richtlinie wird die abgestimmte Düngung für die Almflächen geregelt und als Basis für ÖPUL-Förderungen herangezogen. Auch der Tierbesatz/ha wird im ÖPUL geregelt (BMLFUW 2000).

EU-NITRATRICHTLINIE

Diese Richtlinie regelt die Obergrenze für Stickstoff aus dem Wirtschaftsdünger. Sie liegt bei 170 kg/ha/Jahr (rund 40 Tonnen Mist oder Mist von 2,7 GVE/Jahr/ha; BML-FUW 2000).

BESTIMMUNGEN FÜR EUROPASCHUTZGEBIETE (NATURA 2000-GEBIETE)

Mit dem europäischen Naturschutzkonzept Natura 2000 haben sich die Staaten der Europäischen Union die Erhaltung der biologischen Vielfalt in Europa zum Ziel gesetzt. Die Richtlinien für Natura 2000-Gebiete sind im wesentlichen die Flora-Fauna-Habitat-Richtlinie (Fauna-Flora-Habitat-Richtlinie 92/43/EWG) und die Vogelschutzrichtlinie (Richtlinie 79/409/EWG des Rates vom 02.04.1979 zur Erhaltung der wildlebenden Vogelarten). Mit Hilfe beider Richtlinien soll eine europaweite Vernetzung von Schutzgebieten stattfinden. Ziel ist, Tier- und Pflanzenarten sowie Lebensräume von „europäischer Bedeutung" zu schützen und zu erhalten. Nachdem die Natura 2000-Gebiete nach Brüssel gemeldet und bestätigt worden sind, gilt das sogenannte „Verschlechterungsverbot".

Für Pläne und Projekte, welche Auswirkungen auf Natura 2000-Gebiete haben können, gelten die Bestimmungen des Artikel 6 der FFH-Richtlinie (Fauna-Flora-Habitat-Richtlinie 92/43/EWG): Für sämtliche Planungen und Projekte innerhalb eines Natura 2000-Gebiets wird eine Prüfung in Form einer Eingriffsbewertung und FFH-Verträglichkeit durch die Sachverständigen der Naturschutz- und Umweltabteilungen notwendig. Diese prüfen, ob eine Verschlechterung zu befürchten ist (vgl. BERGLER 2002). Tritt eine Verschlechterung ein und das betreffende Gebiet schließt einen **prioritären Lebensraumtyp und/oder eine prioritäre Art** ein, so können die Maßnahmen nur in Zusammenhang mit der Gesundheit des Menschen und der öffentlichen Sicherheit oder im Zusammenhang mit maßgeblichen günstigen Auswirkungen für die Umwelt oder, nach Stellungnahme der Kommission, andere zwingende Gründe des überwiegenden öffentlichen Interesses geltend gemacht werden.

*Tabelle 34: **Auswahl an Lebensräumen in Natura 2000-Gebieten der FFH-Richtlinie, die von almwirtschaftlichen Maßnahmen betroffen sein können***
(ELLMAUER & TRAXLER 2000)

Lebensraum	Prioritärer Lebensraum (*)[4]	Bemerkung
Alpine und boreale Heiden		Zwergstrauchheiden und dichte Spalierstrauchteppiche, stark beweidete Almbereiche, z. B. Mosaike aus Zwergstrauchgebüsch mit Milchkrautweiden, werden diesem Typ nicht zugerechnet.
Buschvegetation mit Latschen und Bewimperter Alpenrose	*	Vor allem Latschengebüsche auf Kalk werden diesem Typ zugerechnet. Latschengebüsche mit hohen Anteilen an Rostroter Alpenrose oder verbuschte Almweiden werden diesem Typ nicht zugerechnet.
Boreo-alpines Grasland auf Silikat		Subalpine bis nivale natürliche Rasen, die von der Dreispaltigen Binse bestimmt werden. Typische Standorte befinden sich auf exponierten Kuppen über der Waldgrenze.
Alpine und subalpine Kalkrasen		Die Bestände sind häufig Almweiden. Die Beweidung der Bestände ist aus naturschutzfachlicher Sicht meist sinnvoll.
Artenreiche montane Borstgrasrasen (Bürstling-rasen)	*	Nur artenreiche Bürstlingrasen in der submontanen und montanen Höhenstufe werden hinzugerechnet. Artenarme Bürstlingrasen, wie sie auf Almen häufig vorkommen, sind nicht betroffen. Eine Beweidung oder Mahd dieser Standorte ist aus naturschutzfachlicher Sicht notwendig.
Montane bis alpine bodensaure Fichtenwälder	*	Natürliche bis naturnahe montane bis subalpine bodensaure Fichtenwälder.
Alpiner Lärchen- und/ oder Arvenwald		Subalpine Lärchen-Zirbenwälder, mit einer Deckung der Baumschicht von zumindest 30%.
Montaner und subalpiner Spirkenwald	*	Prioritäre Lebensräume sind nur Bestände auf Gips- und Kalksubstrat.
Berg-Mähwiesen		Extensive artenreiche Heugras-Wiesen. Der Lebensraumtyp ist von der Beibehaltung der extensiven Mähnutzung abhängig (1-2mal jährliche Mahd und keine bis wenig Düngung mit Festmist).

---

[4] Als „prioritär" gelten Lebensraumtypen dann, wenn sie auf dem Gebiet der Europäischen Union vom Verschwinden bedroht (ELLMAUER & TRAXLER 2000) und als solches in der FFH-Richtlinie ausgewiesen sind.

PLANUNG UND UMSETZUNG VON MASSNAHMEN

> Eine detaillierte Planung der Maßnahmen ist für den Erfolg der Umsetzung von großer Bedeutung. Insbesondere die wirtschaftliche Rentabilität, die gesetzlichen Grundlagen und die technische Machbarkeit sollten vor Beginn der Arbeiten abgeklärt werden. Im folgenden Kapitel werden die wesentlichen Schritte für eine Maßnahmenplanung erläutert.

Die Sicherung der vielfältigen Nutz- und Schutzfunktionen sowie der landschaftlichen Schönheit unserer Almen erfordert eine auf die Natur und die Ansprüche des Menschen abgestimmte Maßnahmenumsetzung. Um dieses Gut auch den kommenden Generationen weitergeben zu können, sind drei Säulen für eine Planung und Umsetzung von Maßnahmen zu berücksichtigen (DIETL 1996):

Ökologisch angepaßt:
- Die Maßnahmen müssen auf die natürlichen Klima-, Boden- und Geländeverhältnisse abgestimmt werden.
- Die natürliche Vielfalt an Lebensräumen, Tieren und Pflanzen sollte durch die Maßnahmen nicht verringert werden.

Ökonomisch sinnvoll:
- Maßnahmen sollten dort ergriffen werden, wo mit dem geringsten Arbeits- und Kostenaufwand das beste Ergebnis erzielt wird.

Erbringung von sozialen Leistungen:
- Die Ertragsfähigkeit und Schönheit der Kulturlandschaft sollten durch die Maßnahmen gesichert werden.

Bevor die Maßnahmen durchgeführt werden, müssen Art und Umfang der notwendigen Maßnahmen festgelegt werden. Dies ist insbesondere bei der Wiederherstellung von Almweiden und bei umfangreichen Pflegemaßnahmen von großer Bedeutung. Folgende Fragen sind vor der Umsetzung der almwirtschaftlichen Maßnahmen zu klären:

Ist eine Revitalisierung notwendig oder genügt die Pflege der bestehenden Almweiden?
Diese Grundsatzentscheidung kann anhand der bestehenden bzw. zukünftig geplanten Tierbesatzdichte (in GVE; Großvieheinheiten/ha) beantwortet werden. Ist die Tierbesatzdichte gering (z. B. bei Niederalmen ca. unter 0,8 GVE/ha, bei Mittelalmen ca. unter 0,5 GVE/ha, bei Hochalmen ca. unter 0,2 GVE/ha), beschränken sich die empfohlenen Maßnahmen meist auf die Pflege und Erhaltung der vorhandenen Weideflächen. Ist die Tierbesatzdichte sehr hoch (bei Niederalmen ca. über 2 GVE/ha, bei Mittelalmen ca. über 1,2 GVE/ha und bei Hochalmen ca. über 0,5 GVE/ha), steht bei der Maßnahmenplanung die Wiederherstellung verwaldeter, verbuschter oder verheideter Weideflächen im Vordergrund.

Ist ein erhöhter Bedarf an Futterflächen gegeben?

Soll in Zukunft mehr Vieh auf die Alm aufgetrieben werden oder eine aufgelassene Alm wieder in Betrieb genommen werden, ist eine Verbesserung der Futterfläche und eine Wiederherstellung von verwaldeten oder verheideten Almweiden erforderlich. Der Flächenbedarf richtet sich dabei nach den geplanten Auftriebszahlen (siehe Kapitel *Futterbedarf der Weidetiere*).

Ist eine Änderung in der Bewirtschaftung geplant?

Aufgrund der aktuellen Situation der Landwirtschaft ist auf manchen Almen eine Änderung der Bewirtschaftung geplant. Eine mögliche Variante stellt die Umstellung von Galt- auf Milchviehalpung dar. Häufig ist durch eine derartige Umstellung eine deutliche Verbesserung der Futterqualität und eine Erhöhung der Futtermenge erforderlich, da die Milchkühe vor allem im Nahbereich des Stallgebäudes qualitativ hochwertiges Futter benötigen (siehe Kapitel *Futterbedarf der Weidetiere*).

Kann man den zusätzlichen Bedarf durch eine Änderung des Weidemanagements decken?

Bevor großflächige Maßnahmen umgesetzt werden, sollte die Weideführung überdacht werden. Großflächige Revitalisierungen sind nur dann sinnvoll, wenn die Weiden danach entsprechend genutzt werden.

Wo sind auf der Alm geeignete Flächen zur Maßnahmenumsetzung vorhanden?

Von entscheidender Bedeutung ist dabei der Zustand der Grasnarbe und die Überschirmung mit Bäumen, Krummholz oder Zwergsträuchern. Sinnvoll sind Maßnahmen meist nur, wenn im Unterwuchs Futtergräser und -kräuter vorkommen. Neben dem almwirtschaftlichen Wert bestimmen Bodenverhältnisse und die Hangneigung die Auswahl der Maßnahmenflächen.

Wieviel bringt die Maßnahme zusätzlich an Futterangebot?

Die Meßgrößen dafür sind die Futterfläche und der Qualitätsertrag. Letzterer wird aus der Futtermenge (abzüglich der Weideverluste und Unkräuter) und der Qualität des Futters (dem Energiegehalt des Futters; siehe Kapitel *Futterbedarf der Weidetiere*) berechnet. Aus dem Vergleich des Qualitätsertrags vor Umsetzung der Maßnahme mit dem geschätzten Qualitätsertrag nach der Umsetzung kann man den wirtschaftlichen Wert und das zusätzliche Futterangebot abschätzen.

Sind durch die geplanten Maßnahmen ökologisch besonders sensible Bereiche betroffen?

Durch die Maßnahmen sollten wertvolle Lebensräume von Tieren und Pflanzen nicht beeinträchtigt werden. Besonders in sensiblen Biotopen, wie zum Beispiel in Mooren und Quellen, sollten keine Maßnahmen getroffen werden.

Welche gesetzlichen Bestimmungen müssen bei der Umsetzung beachtet werden?

Es sind insbesondere öffentliche Schutzinteressen der Forstwirtschaft (Schutzwald), der Wildbach- und Lawinenverbauung (Gefahrenzonen) und des Naturschutzes (geschützte Tier- und Pflanzenarten, geschützte Lebensräume, Schutzgebiete) zu berücksichtigen. Ob eine Rodungsbewilligung für die geplante Maßnahme erforderlich ist, kann ausschließlich von den zuständigen Forstorganen beurteilt werden. Aus diesem Grund ist vor Durchführung der Maßnahme in jedem Fall die Rücksprache mit dem zuständigen Förster notwendig.

Welche Methode ist für die Umsetzung der Maßnahme optimal geeignet?

Wurden Lage und Größe der Maßnahmenflächen festgelegt, müssen weitere Detailfragen geklärt werden:

- Welche Methoden stehen zur Auswahl?
- Können zur Durchführung der Maßnahme eigene Maschinen verwendet werden, oder müssen Maschinen gemietet bzw. Firmen mit der Ausführung beauftragt werden?
- Wie gut ist die Fläche erschlossen? Kann man bis zur Fläche fahren, oder ist ein längerer Fußmarsch notwendig?
- Ist es möglich die Fläche mit einem Traktor zu befahren? Ist die Fläche sehr steil, stark versteint oder kuppiert?
- Wieviel Zeit steht zur Umsetzung der Maßnahme zur Verfügung?
- Kann die Maßnahme in Eigenleistung durchgeführt werden, oder müssen Arbeitskräfte aufgenommen werden?
- Wie hoch sind die Kosten der einzelnen Maßnahmen im Vergleich?

Wie hoch sind die Kosten der Umsetzung?

In einem letzten Schritt werden die Kosten der Maßnahme geschätzt. In die Kalkulation fließen die Kosten für die Arbeitszeit und die Stundensätze für die Maschinen ein. Diese sind in den ÖKL-Richtwerten für die Maschinenselbstkosten (ÖSTERREICHISCHES KURATORIUM FÜR LANDTECHNIK UND LANDENTWICKLUNG) aufgelistet. Weiters sind in der Kalkulation Kostenvoranschläge von Firmen (z. B. Forstfräse), Dünge- und Saatgutkosten zu berücksichtigen. Im Kapitel *Methoden zur Weidepflege und Revitalisierung der Almweiden* sind Richtwerte für den Zeitbedarf und für die Kosten der einzelnen Maßnahmen angeführt. Bei umfangreichen Maßnahmen und komplexen Fragestellungen stehen den Almbewirtschaftern neben den Agrarbezirksbehörden und den Alminspektoren auch Fachbüros zur Seite, die gemeinsam mit dem Bewirtschafter einen **Almwirtschaftsplan** erstellen. Dafür wird die gesamte Alm flächendeckend erhoben und hinsichtlich des almwirtschaftlichen Wertes beurteilt. Im Zuge einer Begehung werden sämtliche Weideflächen der Alm in Hinblick auf Weidequalität, aktuelle Bewirtschaftung, almwirtschaftliche Maßnahmen und naturschutzfachlichen Wert untersucht. Die einzelnen Flächen werden in einem Luftbild verortet und digital ausgewertet. Ermittelt werden das Futterangebot der Alm, wieviel Futter die Tiere während des Almsommers aufgenommen haben, ob die Alm über- oder unterbestoßen ist, wo die Problembereiche der Alm liegen und wo sich naturschutzfachlich wertvolle Flächen befinden. Weiters wird geprüft wo, welche Maßnahmen in welchem Umfang erforderlich sind. Die geplanten Maßnahmen werden nach der Bedarfsprüfung zu Maßnahmenbündeln kombiniert. Die optimale Koppelanzahl und Koppelgröße sowie die Bestoßungsdauer werden festgelegt und in einem Plan verortet. In einem letzten Schritt werden der Aufwand und die Kosten für die geplanten Maßnahmen geschätzt. Der Almwirtschaftsplan eignet sich vor allem bei großen Almen, Agrargemeinschaften und Almen, deren Bewirtschaftungsform geändert werden soll.

UMSETZUNGSBEISPIEL – WIEDERHER-
STELLUNG EINER LÄRCHWEIDE

Anhand einer verwaldeten Lärchweide wird der Ablauf einer Maßnahmenplanung vorgestellt. Die Probleme der Alm werden skizziert, und das Ziel der Maßnahme wird definiert. Eine detaillierte Maßnahmenplanung und Kostenberechnung dienen als Beispiel für die Wiederherstellung einer naturschutzfachlich wertvollen und ertragreichen Lärchweide.

Die ca. 26 ha große Alm befindet sich auf einer Seehöhe von 1.300 bis 1.500 m in den Gailtaler Alpen im Südwesten von Kärnten. Die Alm wurde bis in die 70er Jahre teilweise als Lärchweide beweidet und teilweise gemäht. In den 70er Jahren wurde die Bewirtschaftung eingestellt, und die Alm lag 15 Jahre brach. Seit rund 12 Jahren wird die Alm wieder bestoßen. In dieser Zeit wurde nahezu keine Weidepflege durchgeführt. Die Futterfläche der Alm beträgt knapp 17 ha. Jährlich werden insgesamt 16 GVE (Galtvieh) gealpt. In trockenen Jahren wird ab August das Futter knapp. Derzeit können die sechs Berechtigten ihre GVE nicht in vollem Maße auftreiben. Durch die Maßnahme soll Futter für zwei GVE zusätzlich geschaffen werden, und Futterengpässe im Herbst sollen vermieden werden.

Die Magerweide hat einen aktuellen Nettoertrag von 10 dt/ha. Multipliziert mit der Futterqualität ergibt das einen Qualitätsertrag von 1.800 MJ NEL/ha und 7.700 MJ NEL auf der Gesamtfläche. Nach Umsetzung der Maßnahme wird für die Weide ein zusätzlicher Qualitätsertrag von 13.000 MJ NEL prognostiziert. Das Ziel der Maßnahme, zwei GVE zusätzlich zu alpen und Futterengpässen entgegenzuwirken, soll dadurch erreicht werden.

Die Maßnahmenfläche ist eine ehemalige Lärchweide, die durch Selbstanflug mit Fichten verwaldet.

In der Lärchenweide liegen einige   *Durch die Maßnahme soll eine lichte*
Quellen und Feuchtflächen.   *Lärchenweide entstehen.*

Tabelle 35: **Almwirtschaftlicher Wert nach Durchführung der Maßnahme**

Zustand der Weide nach Durchführung der Maßnahme	
Anteil der Futterfläche an der Gesamtfläche	90%
Futterqualität	4,5 MJ NEL/kg TM
Nettoertrag der Futterfläche	12 dt/ha
Qualitätsertrag der Futterfläche	4.900 MJ NEL/ha
Qualitätsertrag der Gesamtfutterfläche (4,3 ha)	20.900 MJ NEL

Der Almbewirtschafter hat die geplante Maßnahme dem zuständigen Bezirksförster gemeldet. Bei einer Begehung der Maßnahmenfläche stellte dieser fest, daß bei Erhaltung einer Lärchen-Überschirmung von 30% keine Rodungsbewilligung erforderlich ist. Zusätzlich müssen die Bäume im Randbereich der Feuchtflächen, vor allem Grünerlen und Fichten belassen werden.

Das Maßnahmenpaket umfaßt vier Maßnahmen, wobei die Wiederherstellung der Lärchweide im Vordergrund steht. Die Maßnahme soll innerhalb von drei Jahren durchgeführt werden. Die Hauptarbeit entfällt im ersten Jahr auf das Auflichten des Lärchenwaldes und das Schwenden der jungen Lärchen und Fichten. Im zweiten Jahr werden zusätzliche weideverbessernde Maßnahmen, wie das Schwenden von Zwergsträuchern, vorgenommen (siehe Tabelle 36).

Für die Umsetzung des Eigenleistungsanteils benötigen die Almbewirtschafter rund 700 Arbeitsstunden. Die Maßnahme soll auf drei Jahre verteilt durchgeführt werden, dadurch entsteht ein Arbeitszeitbedarf von rund 230 Stunden (29 Tage) pro Jahr. Die insgesamt sechs Almbewirtschafter müssen über drei Jahre hinweg jeweils fünf Tage pro Jahr schwenden, um die Maßnahme umzusetzen.

Die Fremdleistungen entfallen auf das Schlägeln (12 Stunden á € 50) und auf die Saatgutkosten (80 kg á € 4,7). Das Saatgut wird auf drei Jahre verteilt benötigt. Geschlägelt wird erst nach Abschluß der Schwendarbeiten im dritten Jahr.

Die geplante Maßnahme kostet insgesamt € 8.770. Davon entfallen € 7.793 auf Eigenleistungen und € 976 auf Fremdleistungen.

Tabelle 36: **Maßnahmenempfehlung**

Maßnahme	1. Jahr	2. Jahr	3. Jahr
Auflichten und Schwenden der Jungbäume: Die jungen Fichten werden bis auf einzelne Baumgruppen aus der Maßnahmenfläche entfernt. Die Lärchen werden auf eine Überschirmung von rund 30% reduziert. Die Schwendhäufen werden bei geeigneter Witterung unter Einhaltung der gesetzlichen Fristen und nach Verständigung der Gemeinde abgebrannt.	X	X	X
Schwenden der Zwergsträucher: Der Wacholder wird mit der Motorsense geschwendet. Im Bereich von Steinen und auf flachgründigen Kuppen wird er belassen.		X	X
Schlägeln der Zwergsträucher: Auf einer Fläche von rund zwei Hektar können die Zwergsträucher geschlägelt werden.			X
Einsaat: Offene Bereiche werden mit standortangepaßtem Saatgut händisch eingesät.		X	X
Begleitmaßnahme – Düngung: Um wertvolle Futterpflanzen zu fördern und das Borstgras zurückzudrängen, wird die Fläche über mehrere Jahre hinweg mit einem Phosphor-Kalk-Dünger gedüngt (200 kg/ha). Der Dünger wird als Granulat händisch ausgebracht.		X	X

Tabelle 37: **Aufwand und Kosten der Eigenleistungen (nach ÖKL-Richtlinien)**

Maßnahme	Arbeitszeit (h)	Stundensatz (€)	Kosten (€)	Gerät	Gerätezeit (h)	Stundensatz (€)	Kosten – Gerätezeit (€)	Kosten – Eigenleistung gesamt (€)
Roden/Auflichten	240	9	2.160,00	Motorsäge, 3,5 kw	70	3,71	259,70	2.419,70
Schwenden – Zwergsträucher	40	9	360,00	Motorsense	40	2,5	100,00	460,00
Schlegeln								
Räumen der Zwergsträucher	60	9	540,00					540,00
Räumen der Bäume	300	9	2.700,00					2.700,00
Räumen/ Traktorstunden	50	9	450,00	Allradtraktor, 75 PS	50	17,4	870,00	1.320,00
				Seilwinde, 6 t	50	4,92	246,00	246,00
Einsaat	12	9	108,00					108,00
Summe			6.318,00				1.475,70	7.793,70

Über mehrere Jahre hinweg soll nach Durchführung der Maßnahme gedüngt werden. Dafür wird eine Arbeitszeit von 16 Stunden/Jahr kalkuliert. Die rund 800 kg Phosphor-Kalk-Dünger kosten rund € 160/Jahr. Das ergibt zusätzlich € 304/Jahr.

LITERATUR

ZITIERTE LITERATUR

ADLER, W., OSWALD, K. & FISCHER, R., 1994: Exkursionsflora von Österreich. E. Ulmer, Stuttgart und Wien, S. 1180

BERGLER, F.: Der Nutzen der Almwirtschaft für die Jagd. In: Der Alm- und Bergbauer. Folge 4/01. (Hrsg.: Österreichische Arbeitsgemeinschaft für Alm und Weide, Innsbruck) S. 16–19

BERGLER, F., 2002: Alm- und Waldweide in Natura 2000-Gebieten. In: Der Alm- und Bergbauer, Folge 5/02. Hrsg.: Österreichische Arbeitsgemeinschaft für Alm und Weide, Innsbruck S. 36–38

BERGLER, F., GASTEINER, J. & GINDL, G.: Almen und Weiden pflegen – Kulturlandschaft erhalten. In: Der fortschrittliche Landwirt. Heft 12/2001. Sonderbeilage der ÖAG. Graz 2002: Leopold-Stocker-Verlag, S. 10–13

BIENERTH, M., 2000: Hirten – Hüten – Behüten. In: Der Alm- und Bergbauer, Folge 1–2/00. Hrsg.: Österreichische Arbeitsgemeinschaft für Alm und Weide, Innsbruck S. 6–10

BLECHL, H., HOHENSASSER, U., NOVAK, S. & POSCH, H., 1993: Halten & Nachschau halten. Zur Landschaftsökologie der alpinen Kulturlandschaft am Beispiel der Hohen Pressnig. Forschungsstudie im Auftrag des Bundesministeriums für Umwelt, Jugend und Familie, Klagenfurt, 1993

BLECHL, H. & POSCH, H., 1998: Landschaftsökologische und landschaftsplanerische Forschungsarbeiten im Gebiet der Hohen Pressnig als Grundlage für die Nationalpark-Managementplanung. In: Kärntner Nationalpark-Schriften Band 10, Kärntner Nationalparkfonds, Großkirchheim, S. 29–80

BMLFUW, 2000: Aktionsprogramm Nitratrichtlinie. 2. Neuentwurf nach Verhandlung mit EK, Wien, S. 15

BOHNER, A., 1994: Einfluß der Almwirtschaft auf Vegetation und Boden: Ursache – Wirkung – Maßnahme. (Diplomarbeit, Universität für Bodenkultur) Wien, S. 146

BOHNER, A., 1996: Auswirkungen der Almbewirtschaftung auf Vegetation und Boden. In: Kärntner Nationalpark-Schriften, Band 8, Kärntner Nationalparkfonds, Großkirchheim, S. 11–28

BOHNER, A., 1998: Bodenversauerung im Gebirge – Ursachen und Konsequenzen der Almbewirtschaftung. In: 4. Alpenländisches Expertenforum in Gumpenstein, Bundesanstalt für alpenländische Landwirtschaft, Gumpenstein, S. 25–26

BOHNER, A., 1998a: Almwirtschaft und Gebirgsökosysteme. Band 1. Dissertation, Universität für Bodenkultur, Wien, S. 169

BOHNER, A., 1998b: Almwirtschaft und Gebirgsökosysteme. Band 2. Dissertation, Universität für Bodenkultur, Wien, S. 215

BOHNER, A., BUCHGRABER, K., FROSCHAUER, J., GALLER, J., HOLZNER, H., HUMER, J., PÖLLINGER, A. & PÖTSCH E.M., 2002: Kalk – Wichtig für Acker und Grünland. Der fortschrittliche Landwirt, Heft 16/2002, Sonderbeilage, S. 25–32

BRUGGER, O. & WOHLFAHRTER, R., 1983: Alpwirtschaft heute. Verlag Leopold Stocker, Graz, S. 268

BUCHGRABER, K., 1995: Österreich braucht die Wiesen, Weiden, das Vieh und seine Landwirte. Fortschrittl. Landwirt 73, (19), Sonderbeil. S. B1–B8

BUCHGRABER, K., 1995: Standortgemäße und bestandesorientierte Düngung des österreichischen Dauergrünlandes. Alpenländisches Expertenforum „Düngung im Alpenländischen Grünland", BAL Gumpenstein, S. 23–26

BUCHGRABER, K., 2001: Veränderungen der Grünlandnutzung in Österreich (Teil 1). In: Der Alm- und Bergbauer, Folge 4/01. Hrsg.: Österreichische Arbeitsgemeinschaft für Alm und Weide, Innsbruck, S. 12–15

BUCHGRABER, K., DEUTSCH, A. & GINDL, G., 1994: Zeitgemäße Grünlandbewirtschaftung. Leopold Stocker Verlag Graz-Stuttgart, S. 194

BUCHGRABER, K., KRAUTZER, B., LUFTENSTEINER, H., GIRSCH, L. & HOLAUS, K., 1998: Grünland braucht bestes Saatgut. Sonderbeilage Nr. 3/98 In: Der fortschrittliche Landwirt, Leopold Stocker Verlag, Graz, S. 16

BUNDESAMT UND FORSCHUNGSZENTRUM FÜR LANDWIRTSCHAFT, 1999: Richtlinien für die sachgerechte Düngung. Anleitung zur Auswertung von Bodenuntersuchungsergebnissen im Bereich der Landwirtschaft. 5. Auflage, Wien, S. 31

BUNDESGESETZBLATT FÜR DIE REPUBLIK ÖSTERREICH 1990: 111. Stück 252. Bundesgesetz. Wasserrechtsnovelle 1990

DIETL, W., 1979: Ertragspotential der Alpweiden bei standortgemäßer Bewirtschaftung. Der Alm- und Bergbauer, 29. Jg./6/7, Hrsg.: Österreichische Arbeitsgemeinschaft für Alm und Weide, Innsbruck, S. 250–254

DIETL, W., 1979: Ertragspotential der Alpweiden bei standortgemäßer Bewirtschaftung (Folge 6/7). Der Alm- und Bergbauer, 29. Jg./8/9, Hrsg.: Österreichische Arbeitsgemeinschaft für Alm und Weide, Innsbruck, S. 295–300

DIETL, W., 1979: Ertragspotential der Alpweiden bei standortgemäßer Bewirtschaftung Folge 8/9. Der

Alm- und Bergbauer, 29.Jg./11, Hrsg.: Österreichische Arbeitsgemeinschaft für Alm und Weide, Innsbruck, S. 425–430

DIETL, W., 1996: Das Prinzip des pfleglich abgestuften Wiesenbaus. In: Ernte – Zeitschrift für Ökologie und Landwirtschaft, Nr. 5/96, Linz, S. 26–29

DIETL, W., 1997: Auswirkungen von Bewirtschaftungsformen auf die pflanzliche Zusammensetzung von Wiesen. In: BAL-Bericht über die 2. Pflanzensoziologische Tagung, Bundesanstalt für alpenländische Landwirtschaft Gumpenstein, Irdning, S. 91–97

DIETL, W., 1990: Alpweiden naturgemäß nutzen. Landfreund Nr. 11. Broschüre. Eidgenössische Forschungsanstalt für Agrarökologie und Landbau, Zürich.

DIETL, W., 1998: Wichtige Pflanzenbestände und Pflanzenarten der Alpweiden. Agrarforschung 5 (6): I-VIII. Eidgenössische Forschungsanstalt für Agrarökologie und Landbau, Zürich

DIETL, W., BERGER, P. & OFNER, M., 1981: Die Kartierung des Pflanzenstandortes und der futterbaulichen Nutzungseignung von Naturwiesen. FAP+AGFF, Zürich-Reckenholz, S. 43

DRAVETZ, CH. & HOLZNER, W., 1989: Gutachten über die ökologische Verträglichkeit des Abbrennens in der Alpenregion im Rahmen der alpwirtschaftlichen Nutzung. Im Auftrag des Amtes der Kärntner Landesregierung, Abt. 20, Klagenfurt, S. 12

EGGER, G., & AIGNER, S., 1998: Almrevitalisierungsprogramm Kärnten. Studie im Auftrag des Amtes der Kärntner Landesregierung, Abt. 10L, Institut für Ökologie und Umweltplanung, Klagenfurt

EGGER, G., & AIGNER, S., 1999: Naturschutz und Almwirtschaft in Kärnten. Kärntner Naturschutzberichte 4/99: 52–74, Klagenfurt

EGGER, G., & JUNGMEIER, M., 1994: Vegetationsanalyse unterschiedlich genutzter Almflächen. Wissenschaftliche Grundlagenerhebung für einen Almentwicklungsplan. Kals -Arbeitspaket Vegetation, Bd. 1, Nationalparkverwaltung Hohe Tauern Tirol, Matrei

EGGER, G., BUCHGRABER, K., ANGERMANN, K., BERGLER, F. & AIGNER, S., (in prep.): GIS-gestütztes Almbewertungsmodell. Modellierung von Ertrag und Futterqualität als Grundlage für die Produktivitätsbewertung von Weideflächen im Almbereich und Waldweiden. Im Auftrag des Bundesministeriums für Land- und Forstwirtschaft, Umwelt und Wasserwirtschaft, Klagenfurt.

EGGER, R., 2002: Mineraldünger im ÖPUL. In: Der Kärntner Bauer, Ausgabe 19. Woche 2002, Kammer für Land- und Forstwirtschaft in Kärnten, Klagenfurt

ELLMAUER, T. & TRAXLER, A., 2001: Handbuch der FFH-Lebensraumtypen Österreichs. Monographien Band 130. Umweltbundesamt GmbH, Wien, S. 208

FÜRST, A., 1999: Zusammenhänge von Wald – Weide und Wildwirtschaft – Tourismus. In: Der Alm- und Bergbauer, Folge 5–6/99. Hrsg.: Österreichische Arbeitsgemeinschaft für Alm und Weide, Innsbruck, S. 9–12

GABRIEL, H., 1984: Vergleich zwischen mechanischer und chemischer Almrosenbekämpfung aus betriebs- und arbeitswirtschaftlicher Sicht unter Berücksichtigung der Ökologie und des Landschaftsbildes. Diplomarbeit Univ. f. Bodenkultur Wien, S. 58

GALLER, J., 1998: Stallmist oder Gülle? In: Der Alm- und Bergbauer, Folge 1–2/98 Hrsg.: Österreichische Arbeitsgemeinschaft für Alm und Weide, Innsbruck, S. 11–15

GALLER, J., 1999: Giftpflanzen des Grünlandes. In: Der Alm- und Bergbauer, Folge 5–6/99. Hrsg.: Österreichische Arbeitsgemeinschaft für Alm und Weide, Innsbruck, S. 16–18.

GALLER, J., 2000: Düngen im Spätherbst bzw. Winter. In: Der Alm- und Bergbauer, Folge 1–2/00. Hrsg.: Österreichische Arbeitsgemeinschaft für Alm und Weide, Innsbruck, S. 11–14

GALLER, J., 2000: Ungräser – Vorbeugung und Bekämpfung. In: Der Alm- und Bergbauer, Folge 8–9/00. Hrsg.: Österreichische Arbeitsgemeinschaft für Alm und Weide, Innsbruck, S. 3–5

GERHOLD, K., 1999: Einfluß des Mulchens auf alpine Pflanzenbestände. In: Der Alm- und Bergbauer, Folge 4/99. Hrsg.: Österreichische Arbeitsgemeinschaft für Alm und Weide, Innsbruck, S. 25–28

GINDL, G., 2001: Almampfer und Weißen Germer kurz halten. In: Der fortschrittliche Landwirt, Heft 11/2001. Leopold Stocker Verlag, Graz, S. 6–7

GRABHERR, G., 1993: Naturschutz und alpine Landwirtschaft in Österreich. Z. Ökologie und Naturschutz 2, S. 113–117

GROIER, M., 1993: Die Almwirtschaft in Österreich – Bedeutung und Struktur. Facts & Features, Nr. 11, Bundesanstalt für Bergbauernfragen, Wien, S. 19

HANSER, S., 1999a: Fütterung der Milchkuh auf der Alm – Wiederkäuergerechtigkeit und Bedarfsnormen beachten. In: Der Alm- und Bergbauer, Folge 4/99 Hrsg.: Österreichische Arbeitsgemeinschaft für Alm und Weide, Innsbruck, S. 12–14

HANSER, S., 1999b: Die Kuh frisst Gras – Fütterung der Milchkuh auf der Alm. In: Der Alm- und Bergbauer, Folge 10/99. Hrsg.: Österreichische Arbeitsgemeinschaft für Alm und Weide, Innsbruck, S. 17–20

HEIN, W., 1998: Die österreichische Almwirtschaft im Wandel der Zeit: In: 4. Alpenländisches Expertenforum in Gumpenstein, Bundesanstalt für alpenländische Landwirtschaft, Gumpenstein, S. 1–3

JENEWEIN, J., 2001: Die Almwirtschaft in Österreich. In: Der Alm- und Bergbauer, Folge 6–7/01. Hrsg.: Österreichische Arbeitsgemeinschaft für Alm und Weide, Innsbruck, S. 15–18

KERSCHBAUMER, N. & HUBER, T., 2002: Alpine Brandwirtschaft – Auswirkungen auf Vegetation und Fauna. Studie im Auftrag der Kärntner Landesregierung, Abt. 10L

KILIAN, W., MÜLLER, F. & STARLINGER, F., 1993: Die forstlichen Wuchsgebiete Österreichs. Forstliche Bundesversuchsanstalt, Wien, S. 60

KIRCHNER, G., 1957: Die Almwirtschaft. Lehrbuch der Landwirtschaft, 9. Auflage. Verlag Georg Fromme & CO, Wien und München

KRAUTZER, B., 1997: Entwicklung standortgerechter Saatgutmischungen für die Begrünung in Hochlagen. In: BAL Bericht über die Gumpensteiner Sämereientagung zum Thema Standortgerechte Saatgutmischungen für Grünland und Landschaftsbau. Bundesanstalt für alpenländische Landwirtschaft, Gumpenstein, S. 25–31.

KRAUTZER, B., BUCHGRABER, K., GIRSCH, L. & ZACH, H.P., 1999: Optimales Grünland durch ÖAG-geprüftes Saatgut. Sonderbeilage Nr. 2/99. In: Der fortschrittliche Landwirt, Leopold Stocker Verlag, Graz, S. 12

KRAUTZER, B., WITTMANN, H. & FLORINETH, F., 2000: Richtlinie für die standortgerechte Begrünung. Ein Regelwerk im Interesse der Natur. Österreichische Arbeitsgemeinschaft für Grünland und Futterbau (ÖAG), Gumpenstein, S. 29

KUBIENA, W.L., Wien 1986: Grundzüge der Geopedologie und der Formenwandel der Böden. Österreichischer Agrarverlag, S. 128

LARCHER, W., 1994: Ökophysiologie der Pflanzen. Leben, Leistung und Stressbewältigung der Pflanzen in ihrer Umwelt. 5. Auflage. Verlag Eugen Ulmer, Stuttgart, S. 394

LEGNER, F., 2002a: Erfolgreiche Strategien der Wald- und Weideordnung in Tirol (Teil 1). In: Der Alm- und Bergbauer, Folge 1–2/02 Hrsg.: Österreichische Arbeitsgemeinschaft für Alm und Weide, Innsbruck, S. 12–14

LEGNER, F., 2002b: Erfolgreiche Strategien der Wald- und Weideordnung in Tirol (Teil 2). In: Der Alm- und Bergbauer, Folge 3/02 Hrsg.: Österreichische Arbeitsgemeinschaft für Alm und Weide, Innsbruck, S. 3–5

LEGNER, F., 2002c: Erfolgreiche Strategien der Wald- und Weideordnung in Tirol (Teil 3). In: Der Alm- und Bergbauer, Folge 4/02 Hrsg.: Österreichische Arbeitsgemeinschaft für Alm und Weide, Innsbruck, S. 7–9

LICHTENEGGER, E., 1979: Gegenwärtiger Stand der Almwirtschaft in Kärnten. Der Alm- und Bergbauer, 29. Jg./11, Österreichische Arbeitsgemeinschaft für Alm und Weide, Innsbruck, S. 380–403

LICHTENEGGER, E., 1998: Brandrodung auf Almweiden aus ökologischer und wirtschaftlicher Sicht. In: Der Alm- und Bergbauer, 5/98. Hrsg.: Österreichische Arbeitsgemeinschaft für Alm und Weide, Innsbruck, S. 153–159

MACHATSCHEK, M., 1997: Almwirtschaft und Wildtiere – Erfahrungen über die Einflüsse der Almbewirtschaftung auf die Wildäsungsflächen. In: Der Anblick Folge 5/97, Graz, S. 16–20

MACHATSCHEK, M., 1998: Über das Hirten, das Führen der Herde. In: Der Alm- und Bergbauer, Folge 12/98. Hrsg.: Österreichische Arbeitsgemeinschaft für Alm und Weide, Innsbruck, S. 322–330

MACHATSCHEK, M., 1999: Pflegliche, unterhaltsorientierte Weidewirtschaft und Koppelunterteilung mit Schnellhager. In: Der Alm- und Bergbauer, Folge 3/99. Hrsg.: Österreichische Arbeitsgemeinschaft für Alm und Weide, Innsbruck, S. 31–38

MACHATSCHEK, M., REIFELTSHAMMER, S. & UEDL, M., 1999: Der Leberegel und die Wasserhaushaltsführung in Riedwiesen. In: Der Alm- und Bergbauer. Hrsg.: Österreichische Arbeitsgemeinschaft für Alm und Weide, Innsbruck

MACHATSCHEK, M., 2002: Alpine Erlen(laub)gewinnung und Meliorationsschwendung. In: Der Alm- und Bergbauer, Folge 3/02. Hrsg.: Österreichische Arbeitsgemeinschaft für Alm und Weide, Innsbruck, S. 11–14

MAYER, H., 1974: Wälder des Ostalpenraumes, Standort, Aufbau und waldbauliche Bedeutung der wichtigsten Waldgesellschaften in den Ostalpen samt Vorland. Gustav Fischer, Stuttgart, S. 344

ORTNER, G., 1988: Zur Ökologie subalpiner Standorte – Auswirkungen von Almdüngungen auf den Nährstoffhaushalt und den Pflanzenbestand subalpiner Nardeten. Dissertation – Univ. f. Bodenkultur, Eigenverlag, Wien, S. 201

PÖTSCH, E., BUCHGRABER, K., KRAUTZER, B., BOHNER, A. & GERL, S., 2001: Der Ampfer – die Problempflanze im Grünland. In: Der fortschrittliche Landwirt, Heft 8/2001. Leopold Stocker Verlag, Graz, S. 25–35

PÖTSCH, E., BERGLER, F. & BUCHGRABER, K., 1998: Ertrag und Futterqualität von Alm- und Waldweiden als Grundlage für die Durchführung von Wald-Weide-Trennverfahren-Bewertungsmodelle. In: 4. Alpenländische Expertenforum in Gumpenstein, Bundesanstalt für alpenländische Landwirtschaft, Gumpenstein, S. 95–109

REISIGL, H. & KELLER, R., 1987: Alpenpflanzen im Lebensraum – Alpine Rasen, Schutt- u. Felsvegetation. Gustav Fischer-Verlag, Stuttgart, S. 149

REISIGL, H. & KELLER, R., 1989: Lebensraum Bergwald – Alpenpflanzen in Bergwald, Baumgrenze und Zwergstrauchheide. Gustav Fischer-Verlag, Stuttgart, S. 144

SCHACHTSCHABEL, P., BLUME, H.-P., BRÜMMER, G., HARTGE, K.H. & SCHWERTMANN, U., 1998: Lehrbuch der Bodenkunde. 14. Auflage. Ferdinand Enke Verlag, Stuttgart

STEINWIDDER, A., in prep: Beurteilung der Futteraufnahme bzw. des Futterbedarfs weidender Tiere. In: Der Sachverständige

SCHWAIGER, J., 1996: Einfluß der Mechanisierung von Grünlandbetrieben auf deren ökonomische und soziale Situation (1. Teil). In: Der Alm- und Bergbauer, Folge 8/9/96. Hrsg.: Österreichische Arbeitsgemeinschaft für Alm und Weide, Innsbruck, S. 302–321

SCHWARZELMÜLLER, W., 1989: Alpschutz. Arbeitsunterlagen zu den Vorlesungen „Alpschutz und Alpverbesserung" Teil 1. Universität für Bodenkultur, Wien, S. 61

SCHWARZELMÜLLER, W., 1993: Wald und Weide im Gebirge. Arbeitsunterlagen zu den Vorlesungen „Alpschutz und Alpverbesserung" Teil 2. Universität für Bodenkultur, Wien, S. 108

SPITZER, H. & FAUSTMANN, H., 2001: Harvesterein-
satz: So kalkuliere ich richtig. In: Der fortschrittliche Landwirt, Heft 16/2001. Leopold Stocker Verlag,
Graz, S. 8–9

ZÖSCHER, J., 2001: Freischneidegeräte erleichtern Jung-
waldpflege. In: Der fortschrittliche Landwirt, Heft
20/2001. Leopold Stocker Verlag, Graz, S. 12–13

WEITERFÜHRENDE LITERATUR

AKADEMIE FÜR NATURSCHUTZ U. LAND-
SCHAFTSPFLEGE, 1984: Landschaftspflegliche
Almwirtschaft. Laufener Seminarbeiträge, Bd. 4, Ei-
genverlag, Laufen, Salzach, S. 98

BÄBLER, R. & STREBEL, E., 1968: Alp- und Weidewirtschaft. Huber & Co AG, Frauenfeld, 132 S. + Anhang

BAL GUMPENSTEIN (Hrsg.), 1997: Pflanzengesellschaften im Alpenraum und ihre Bedeutung für die
Bewirtschaftung. Begleitinformation zur Exkursion
der 2. Pflanzensoziologischen Tagung, Eigenverlag,
Gumpenstein, S. 17

BÄTZING, W., 1991: Die Alpen – Entstehung und Gefähr-
dung einer europäischen Kulturlandschaft. Verlag
C.H. Beck, S. 288

BOHNER, A. & SOBOTIK, M., 2000: Das Wirtschafts-
grünland im Mittleren Steirischen Ennstal aus ve-
getationsökologischer Sicht. In: Das Grünland im
Berggebiet Österreichs. MAB-Forschungsbericht,
Wien, S. 15–51

BOHNER, A., 1999: Soziologie und Ökologie der Weiden – von der Tallage bis in den alpinen Bereich.
5. Alpenländische Expertenforum in Gumpenstein,
Bundesanstalt für alpenländische Landwirtschaft,
Gumpenstein, S. 31–39

BUCHGRABER, K., 2000: Ertragspotenziale und Arten-
vielfalt auf Grünlandstandorten im Berggebiet. In:
Das Grünland im Berggebiet Österreichs. MAB-
Forschungsbericht, Wien, S. 181–193

BUCHGRABER, K. & RESCH, R., 1997: Der Futterwert
und die Grundfutterbewertung des alpenländischen Grünlandfutters in Abhängigkeit vom Pflanzenbestand, von der Nutzungsfrequenz und der
Konservierungsform. Alpenländisches Expertenforum „Grundfutterqualität und Grundfutterbewertung“: S. 7–18

BUCHGRABER, K., 1997: Auswirkungen der Grünlan-
dextensivierung auf Artenzusammensetzung und
auf den Qualitätsertrag. In: Bericht über die 2. Pflanzensoziologische Tagung in Gumpenstein, Bundesanstalt für alpenländische Landwirtschaft Gumpenstein, Irdning, S. 63–71

CERNUSCA, A., 1989: Struktur und Funktion von Gras-
landökosystemen im Nationalpark Hohe Tauern.
Veröff. des österreichischen MaB-Programms, 13,
Universitätsverlag Wagner, Innsbruck, S. 625

DIETL, W. & MARSCHALL, F., 1974: Beiträge zur
Kenntnis der Borstgrasrasen der Schweiz. Schwei-
zerische landwirtschaftliche Forschung, 13/1/2,

Eidg. Forschungsanstalt für landw. Pflanzenbau,
Zürich Reckenholz, S. 115–127

DIETL, W., 1982: Ökologie und Wachstum von Futterpflanzen und Unkräutern des Graslandes. Schweiz.
Landw. Forschung, 21 (1/2), S. 85–107

DIETL, W., 1986: Pflanzenbestand, Bewirtschaftung
und Ertragspotenzial von Dauerwiesen. Schweiz.
Landw. Monatshefte, S. 64

DOMES, N., 1936: Die klimatisch bedingte Abnahme
des Ertrages von Wald und Weide im Gebirge. Verl.
V. Gerald´s Sohn, Wien und Leipzig, S. 256

DRAPELA, J., EGGER, G. & JUNGMEIER, M., 1999: Groß-
räumige, referenzierte Modellierung der almwirtschaftlichen Nutzung (Beweidung) – Das Beispiel
Nationalpark Hohe Tauern Tirol und Kärnten. In:
STROBL J. & BLASCHKE Th.: Angewandte Geogra-
phische Informationsverarbeitung XI, Beiträge zum
AGIT-Symposium, Salzburg, (full reviewed paper)

DRAPELA, J., EGGER, G., GRABHERR, G., JUNGMEI-
ER, R. & REITER, K., 1998: Nutzungserhebung der
Almen des Nationalparks Hohe Tauern Tirol. Studie
im Auftrag der Nationalparkverwaltung Hohe Tauern Tirol, Matrei

DRAPELA, J., EGGER, G., JUNGMEIER, R., KIRCH-
MEIR, H. & PÜHRINGER, M., 2001: Almnutzungs-
erhebung Nationalpark Hohe Tauern Salzburg. Studie im Auftrag der Nationalparkverwaltung Hohe
Tauern Salzburg, Zell a.S.

DRAPELA, J., EGGER, G., JUNGMEIER, R., KIRCH-
MEIR, H. & PÜHRINGER, M., 1999: Alminventar Nationalpark Hohe Tauern Kärnten. Studie im Auftrag
des Kärntner Nationalparkfonds, Großkirchheim

DRAPELA J., GRABHER, D., JUNGMEIER, M., LECH-
NER, R., MATOUCH, S., MUSOVIC, Z., PFEFFER-
KORN, W., SIEBER, W., BRAUNER, B., TAPPEINER,
G., TAUBER, H., WALCH, K. & E. WRBKA, 2000:
Kultur-Landschaft-Entwicklung im westöster-
reichischen Alpenraum. Handlungs- und Maßnah-
menempfehlung. Endbericht, Wien, Klagenfurt,
Bregenz, S. 96

EGGER, G., 1994: Almen, Menschen und Nationalpark
im Tauerntal: Analyse und Zusammenführung der
naturräumlichen und almwirtschaftliche Grundlagen. Nationalpark Hohe Tauern, Bd. 1. Institut f. angewandte Ökologie, Klagenfurt, S. 188

EGGER, G., 1994: Menschen und Nationalpark im Tauerntal: Almen, Nationalpark Hohe Tauern. Bd. 3. Institut f. angewandte Ökologie, Klagenfurt, S. 61

EGGER, G., 1994: Menschen und Nationalpark im Tauerntal: Problem und Konfliktanalyse. Nationalpark Hohe Tauern, Bd. 2. Institut f. angewandte Ökologie, Klagenfurt, S. 60

EGGER, G. & JUNGMEIER, M., 1994: Almprogramm Rettenbach. Grundlagen – Ziele – Neue Wege. Institut f. angewandte Ökologie, Klagenfurt, S. 75

EGGER, G., 1996: Almen, Mensch und Nationalpark im Tauerntal – Wissenschaftliche Grundlagenerhebung zur Erstellung eines Almentwicklungsplanes im Nationalpark Hohe Tauern, Tauerntal/Gemeinde Mallnitz. Kärntner Nationalpark-Schriften, Band 8, Kärntner Nationalparkfonds, Großkirchheim, S. 29–54

EGGER, G., 1996: Vegetationsökologische Untersuchung Seebachtal, Nationalpark Hohe Tauern. Band 1: Vegetation und Standortsdynamik alpiner Lebensräume. Institut für angewandte Ökologie, Klagenfurt, S. 181

EGGER, G., 1997: Biotopkartierung Nationalpark Hohe Tauern, Erhebung, Bewertung und Maßnahmenentwicklung ausgewählter Biotope der Außenzone des Nationalparks Hohe Tauern (Tirol). Nationalparkverwaltung Hohe Tirol, Matrei

EGGER, G., 1998a: Almwirtschaft im geplanten Nationalpark Gesäuse. Arbeitskreis Almwirtschaft Jahresbericht 1998, Studie im Auftrag des Vereins Nationalpark Gesäuse, Institut für Ökologie und Umweltplanung, Klagenfurt

EGGER, G., 1998b: Almwirtschaft im Nationalpark Gesäuse. Ertragspotential und Beweidungsintensität. Studie im Auftrag des Vereins Nationalpark Gesäuse, Institut für Ökologie und Umweltplanung, Klagenfurt

EGGER, G., 1998c: Almwirtschaft im Nationalpark Gesäuse. Fallbeispiel Sulzkaralm. Studie im Auftrag des Vereins Nationalpark Gesäuse, Institut für Ökologie und Umweltplanung, Klagenfurt

EGGER, G., 1998d: Almwirtschaft im Nationalpark Gesäuse. Fallbeispiel Hoch- und Niederscheibenalm. Studie im Auftrag des Vereins Nationalpark Gesäuse, Institut für Ökologie und Umweltplanung, Klagenfurt

EGGER, G., 1999: Grundlagenerhebung für einen Almentwicklungsplan Litzlhofer Alm. Studie im Auftrag des Amtes der Kärntner Landesregierung, Abt. 10L, Institut für Ökologie und Umweltplanung, Klagenfurt

EGGER, G., 2001: Vegetationsdynamik und Struktur alpiner Ökosysteme. Diskussionsbeitrag einer Prozeßorientierten Ökosystemdarstellung am Beispiel eines lawinaren Urrasens im Nationalpark Hohe Tauern. In:Wissenschaftliche Mitteilungen aus dem Nationalpark Hohe Tauern, Band 6: 119–137

EGGER, G., AIGNER, S. & K. ANGERMANN, 2000: Almerhaltungsprogramm Gailtaler Almsennereien, Studie im Auftrag der Gemeinschaft der Gailtaler Almsennereien, Institut für Ökologie und Umweltplanung, Klagenfurt

EGGER, G., AIGNER, S. & K. ANGERMANN, 2000: Almwirtschaftsplan Alexander- und Riegelalm.

Private Auftragsstudie, Institut für Ökologie und Umweltplanung, Klagenfurt

EGGER, G., AIGNER, S. & ANGERMANN, K., 2002: Almwirtschaftsplan Stappitz-Rabisch-Alm. Institut für Ökologie und Umweltplanung, Klagenfurt, S. 41

EGGER, G., AIGNER, S. & ANGERMANN, K., 2002: Almwirtschaftsplan Wackendorfer Alm. Institut für Ökologie und Umweltplanung, Klagenfurt, S. 41

EGGER, G., AIGNER, S. & ANGERMANN, K., 2001: Almwirtschaftsplan Unholdealm. Institut für Ökologie und Umweltplanung, Klagenfurt, S. 51

EGGER, G., ANGERMANN, K. & AIGNER, S., 2002: Maßnahmenplan Alm Hinterm Brunn. Institut für Ökologie und Umweltplanung, Klagenfurt, S. 44

ENDER, M., 1997: Vegetation gemähter Bergwiesen und Sukzession nach Auflassung der Mahd. Diplomarbeit Universität Innsbruck, S. 126

GRABNER, S., 1997: Die Bergmähder des Nationalpark Hohe Tauern in Salzburg. In: Bericht über die 2. Pflanzensoziologische Tagung in Gumpenstein, Bundesanstalt für alpenländische Landwirtschaft Gumpenstein, Irdning, S. 109–116

GROIER, M., 1993: Bergraum in Bewegung – Almwirtschaft und Tourismus – Chancen und Risiken. Forschungsbericht der Bundesanstalt für Bergbauernfragen, Nr. 31, Bundesanstalt für Bergbauernfragen, Wien, S. 262

GRUBER, L., GUGGENBERGER, T., STEINWIDDER, A., SCHAUER, A., HÄUSLER, J., STEINWENDER, R. & SOBOTIK, M., 1998: Ertrag und Futterqualität von Almfutter des Höhenprofils Johnsbach in Abhängigkeit von den Standortfaktoren. In: 4. Alpenländische Expertenforum in Gumpenstein, Bundesanstalt für alpenländische Landwirtschaft, Gumpenstein, S. 63–93

HILGERS, P., 1986: Almwirtschaft und Formen der Bodenbetrachtung, dargestellt am Beispiel des Gößnitztales (Schobergruppe, NP Hohe Tauern). Diplomarbeit-Rheinische F. Wilhelms Universität, Eigenverlag, Bonn, S. 255

HOLAUS, K., 1997: Standortgerechte Hochlagenbegrünung unter Einbindung der Saatstärke. In: Bericht über die Gumpensteiner Sämereientagung zum Thema Standortgerechte Saatgutmischung für Grünland und Landschaftsbau. Bundesanstalt für alpenländische Landwirtschaft Gumpenstein, Irdning, S. 33–39

HOLZNER, H., 2000: Mit Kalk den Boden fruchtbar halten. In: Der fortschrittliche Landwirt, Heft 3/2000. Leopold-Stocker-Verlag, Graz, S. 6–8

HUBATSCHEK, E., 1988: Almen und Bergmähder im oberen Lungau. Eigenverlag, Innsbruck, S. 182

KIRCHER, B., AIGNER, S. & G. EGGER, 2002: Kärntner Almrevitalisierungsprogramm. Teil 1: Der Maßnahmenplan, In: Der Alm und Bergbauer, Folge 12–1/02, Hrsg.: Österreichische Arbeitsgemeinschaft für Alm- und Weide, Innsbruck?

KOBER, R., 1937: Die Alpverbesserungen in Anlage und Ausführung. Carl Gerolds Sohn, Wien, S. 650

KÖCK, L., 1981: Untersuchungen über Waldweide in Tirol. Alm- und Bergbauer, 1/81: S. 28–38

KROPFITSCH, R., 1986: Zustand und Melioration von Almböden – Meliorierbarkeit von Almlägern mittels Elektroosmose. Diplomarbeit Univ. f. Bodenkultur Wien, S. 198

KUNTZE, H., ROESCHMANN, G. & SCHWERDTFEGER, G., 1994: Bodenkunde. 5., neubearbeitete und erweiterte Auflage. Verlag Eugen Ulmer, Stuttgart, S. 412

KUTSCHERA, L.,1979: Landschaftsökologische Bedeutung der Almwirtschaft. Der Alm- und Bergbauer, 29. Jg./ 11, Österr. AG für Alm und Weide, Innsbruck, S. 403–421

KUTSCHERA, L., 1980: Ertragsleistung der Almen in Kärnten – Ermittlungen von Grünlanderträgen in der montanen, subalpinen und alpinen Stufe im Almgebiet von Kärnten im Jahre 1980. Institut für Pflanzensoziologie in Klagenfurt, S. 29

LICHTENEGGER, E., 1999: Hochlagenbegrünung mit Alpinsaatgut und organischen Düngern. In: Der Alm- und Bergbauer, Folge 1–2/98. Hrsg.: Österreichische Arbeitsgemeinschaft für Alm und Weide, Innsbruck, S. 11–15

LICHTENEGGER, E., 1963: Die natürlichen Voraussetzungen und deren Berücksichtigung für eine erfolgreiche Weidewirtschaft im Kärntner Becken. Dissertation Univ. f. Bodenkultur Wien, S. 125 + Kartenteil

LICHTENEGGER, E., 1980: Ordnung von Wald und Weide aus gegenwärtiger Sicht. Der Alm- und Bergbauer, 30. Jg./6/7, Österr. AG für Alm und Weide, Innsbruck, S. 199–210

MACHATSCHEK, M., 1999: Viehtränken- und Brunnenverteilung. Eine Form der Weidepflege. In: Der Alm- und Bergbauer, Folge 4/01. Hrsg.: Österreichische Arbeitsgemeinschaft für Alm und Weide, Innsbruck, S. 34–37

NOWOTNY, G. & SOBOTIK, M., 1997: Beobachtungen der Vegetationsdecke subalpiner Bürstlingsrasen nach Anwendung der Mähschlägelmethode. In: Bericht über die 2. Pflanzensoziologische Tagung in Gumpenstein, Bundesanstalt für alpenländische Landwirtschaft Gumpenstein, Irdning, S. 97–101

ÖSTERREICHISCHES STATISTISCHES ZENTRALAMT (Hrsg.), 1988: Die Almwirtschaft in Österreich im Jahre 1986 (Ergebnisse der Almerhebung). Beiträge zur Österreichischen Statistik, Heft 901, Österreichische Staatsdruckerei, Wien, S. 103

PALDELE, B., 1994: Die aufgelassenen Almen Tirols. Institut für Geographie der Universität Innsbruck, Innsbruck, S. 160

PENZ, H., 1978: Die Almwirtschaft in Österreich. Münchner Studien zur Sozial- und Wirtschaftsgeographie, Bd. 15, Lassleben, Regensburg, S. 212

PETERER, R., 1985: Ertragskundliche Untersuchungen von gedüngten Mähwiesen der subalpinen Stufe bei Davos. Veröffentlichungen des Geobotanischen Institutes der Eidg. Techn. Hochschule, Stiftung Rübel, Zürich, S. 100

PETERER, R., 1986: Ertragsleistung und Ertragspotenzial der Grünlandgesellschaften im Raum Davos. Veröffentlichungen des Geobotanischen Institutes der Eidg. Techn. Hochschule, Stiftung Rübel, Zürich, S. 114–130

POSCHACHER, G., 2000: Zukunftschancen für die Berg- und Almbauern im nächsten Jahrzehnt. In: Der Alm- und Bergbauer, Folge 1–2/00. Hrsg.: Österreichische Arbeitsgemeinschaft für Alm und Weide, Innsbruck, S. 15–18

POPPELLER, A., 1999: Wozu Almwirtschaft? In: Der Alm- und Bergbauer, Folge 10/99. Hrsg.: Österreichische Arbeitsgemeinschaft für Alm und Weide, Innsbruck, S. 3–6

REVITAL, 1994: Wissenschaftliche Grundlagenerhebung im Almbereich der Nationalparkgemeinde Kals am Großglockner. Band 5, Pflege und Managementvorschläge, Tiroler Nationalparkfonds Hohe Tauern, Matrei, S. 73

SCHNEITER, F., 1955: Alpwirtschaft. Leykam Verlag, Wien, S. 459

SCHUBIGER, F. & DIETL, W., 1997: Futterwert der bedeutendsten Wiesentypen der Schweiz. In: Bericht über die 2. Pflanzensoziologische Tagung in Gumpenstein, Bundesanstalt für alpenländische Landwirtschaft Gumpenstein, S. 85–89

SPATZ, G., 1982: Der Futterertrag der Waldweide. ANL – Naturschutz und Landwirtschaft, 9/82, Laufen/Salzach, S. 25–32

SPATZ, G. 1975,: Die wirtschaftliche und ökologische Bedeutung der Almweiden. Institut für Grünlandlehre der techn. Universität München, Weihenstephan, S. 5

WEIS, G.B., 1980: Vegetationsdynamik, Ertragsleistung und Futterqualität unterschiedlich bewirtschafteter Almweiden. Dissertation, Techn. Univ. München, Institut für Grünlandlehre, Eigenverlag, München, S. 255

WOHLFAHRTER, R., 1971: Die Entwicklung der Österreichischen Alm- und Weidewirtschaft, ihr gegenwärtiger Stand und ihre Zukunftschancen in landwirtschaftlicher und gesellschaftspolitischer Hinsicht. Dissertation Univ. f. Bodenkultur, S. 262

WOHLFAHRTER, R., 1973: Entwicklung, Stand und Zukunftsaussichten der österreichischen Alm- und Weidewirtschaft. Amt der Tiroler Landesregierung, Innsbruck, S. 290

ZWITTKOVITS, F., 1974: Die Almen Österreichs. Eigenverlag, Zillingdorf, S. 419

Langjährige Erfahrung, ein
kompetentes Expertenteam und
erfolgreiche Umsetzungen
machen uns zu einem
österreichweit führenden
Anbieter von Dienstleistungen
für Almentwicklung.

Wie soll Ihre Alm in 20 Jahren
aussehen und wirtschaften ?
Gemeinsam mit Ihnen
entwickeln wir nachhaltige und
praktische Lösungen für die
Zukunft Ihrer Alm.

Kontaktieren Sie uns
unkompliziert und unverbindlich.

Institut für Ökologie